绿色建筑细部
DETAIL Green |2011|

DETAIL 杂志社 编

DETAIL green by Edition Detail
Originally published by "Institut für internationale Architektur-
Dokumentation", München

图书在版编目(CIP)数据

绿色建筑细部/DETAIL杂志社编. 一大连:大连
理工大学出版社,2011.6
　ISBN 978-7-5611-6243-9

　Ⅰ.①绿… Ⅱ.①D… Ⅲ.①建筑工程－无污染技术
Ⅳ.①TU-023

　中国版本图书馆CIP数据核字（2011）第094039号

出版发行：大连理工大学出版社
　　　　　（地址：大连市软件园路80号　　邮编：116023)
印　　　刷：精一印刷（深圳）有限公司
幅面尺寸：210mm×297mm
印　　张：8.5
出版时间：2011年6月第1版
印刷时间：2011年6月第1次印刷
统　　筹：房　磊
责任编辑：王　培
封面设计：王志峰
责任校对：王艺璇

书　　号：ISBN 978-7-5611-6243-9
定　　价：120.00元

发　行：0411-84708842
传　真：0411-84701466
E-mail: a_detail@dutp.cn
URL: http://www.dutp.cn

绿色建筑细部
DETAIL Green |2011|

DETAIL 杂志社 编

刘宏玉 陈思 王艺璇 苗艳菲 计鑫 孙倩君 刘慧 **译**

大连理工大学出版社

目 录

前 言

毫无疑问，环境保护与资源合理利用是我们未来要努力达到的最重要目标之一。因此，对建筑师、规划师和工程师而言，他们对信息有一种迫切的需求，因为只有那些对可持续性建筑的各个相关领域都有所了解、掌握了必要知识的人才能在未来的市场上生存。

这也为《建筑细部》增发《绿色建筑细部》提供了充分的理由。

《绿色建筑细部》将自身定位为一本探讨可持续性规划及建筑施工各方面问题的专业书籍。其目的在于聚焦当前的工艺现状，并为读者在纷繁复杂的建筑解决方案理念与方法、材料与产品、辅助性服务设施、法律与标准方面给予指导。在本书中，我们把重点特别放到了国际认证上，因其重要性正日益凸显出来，尤其是DGNB认证；此外，我们还将在本书中探讨建筑材料的能源平衡、生命周期成本以及回收和处理问题。

本书关注的焦点将放在建筑实例上，所选建筑案例均集多种工艺于一身，设计师从参与者的角度出发开创出一套整体设计理念。在本书中，我们向读者展示的是可持续性办公建筑，其中既包括一座小型木质公司总部大楼，也包括一间用玻璃建成的投资银行大楼。

在2009年3月底签署的一份题为《给世界的理由》的宣言书中，德国的建筑师、工程师和城市规划师呼吁"新的思维方式、新的决心和超越所有界限的新的团结统一的局面"，寻求"各种观点、乌托邦理想与见解、毅力、好奇心和勇于探索的精神，以便限制人们对世界所造成的危险改变"，同时，他们决心"钻研可持续性建筑与工程技术，为人类自然资源使用方式的必要改进做出基本的贡献"。《绿色建筑细部》将与他们一路同行。

Christian Schittich

1

DGNB质量认证
全方位的可持续性

Frank Peter Jäger

本文谈论的并不是那些引领时代潮流的科技中心，而是德国东部的一个小镇。在2009年年初获得德国可持续性建筑协会（DGNB）颁发的质量认证标志的28座建筑中，位于勃兰登堡市埃伯斯瓦尔德的保罗-翁德里希-豪斯办公楼的总体得分最高。这座2007年落成的建筑是地区政府和巴尔尼姆州议会的所在地，它将可持续性建筑的标准推进到一个全新的高度。这不仅涉及到生态方面的问题：DGNB——与德国联邦建设部共同负责可持续性建筑的认证组织工作——是以全面的视角解读"可持续性"的。该认证体系旨在突出那些"对环境极为友好、极为健康、环境效率极高，且可以节约资源的建筑"。

该认证的颁发规则基于一套章程，其下分五个类别，共计49条标准。这些标准涉及到生态和经济品质、社会文化和功能、工艺效率和施工品质等问题。借助这一方法，DGNB认证体系形成了与其他国际评估体系不同的特点。比如说，英国的BREEAM认证体系（建筑研究组织环境评价法）也会考察规划管理和健康舒适等方面的情况，但其重点是放在生态指标上。美国创立的LEED标准（能源与环境设计先锋）是以环境为指导，但与德国的

认证体系相比，其总体要求要低很多。逐条查阅DGNB标准之后，就会发现该认证体系竟是如此完善。列在"生态"一栏的评估标准不仅包括对初级能源和新鲜水资源的消耗评估，更包括对臭氧生成情况、施肥过度等整体气候问题的评估。其他标准包括室内空气质量、骑自行车的人是否感觉舒适、交通系统的隔音效果和方便程度。各个方面都采用不同的衡量方法，并最终成为一套总体评估结果的一部分，根据这套评估结果，如果设计成功的话，可以按得分高低获得金、银、铜质认证。

首批获奖项目

由柏林GAP建筑事务所设计建造的保罗-翁德里希-豪斯办公楼在此项评估中取得了非常好的成绩，尤其是在施工品质方面。在生态指标方面，这座楼层净面积超过19 200m²的行政楼同样超过了平均水平，例如在地热传导技术的应用方面即是如此。

既然桩基结构是必要的，能源规划师便聘请了gmi团队在大约500根立桩中安装了含水管道。冬天，这些管道可以将地热导入楼内，而到了夏天，它们则具有制冷的功能。设计巧妙的通风系统、能源效

率高的照明配件，加上保温效果极好的建筑表皮都有助于确保保罗-翁德里希-豪斯办公楼比相似规模的、用传统建筑形式建成的办公楼节约大约2/3的能源。

位于科隆的"Etrium"建筑——同样是DGNB金奖获得者——也可以通过类似的方法达到节约资源的目的。在阿姆斯特丹和亚琛两地设有办事处的Benthem Crouwel建筑公司设计了一座符合被动建筑标准的办公楼，其初级能源消耗量仅为同类传统结构的30%。中央中庭能够充分利用自然光线、采用雨水冲刷厕所、屋顶安装大面积光电装置（每年可发电30 000kWh），这些方法均可以进一步节省能源。在争取认证的过程中，规划及施工阶段发挥着重要的作用。

在此阶段，一位稽核员会到现场勘测，他/她是DGNB培训出的专家，将全程参与认证活动。来自柏林Solidar规划研讨会的Günter Löhnert把自己看做一位"协调员"。在建造保罗-翁德里希-豪斯办公楼的过程中，他扮演了稽核员的角色。受甲方之托，他的职责在于确保所有相关部门全部参与到计划实施中。GAP建筑事务所的Thomas Winkelbauer认为在这方面无人能及Günter Löhnert。他把

3

5

Löhnert描述为"一个类似教练的角色"，他帮助避免在各个部门之间形成目标冲突。"要建成这样一座建筑，"Winkelbauer说，"唯有规划团队的所有成员精诚合作才能实现。"

来自甲方和投资商的批评意见

人们偶尔也能听到一些批评DGNB的声音，主要出自那些维护甲方和投资商利益的人之口。但许多项目开发商持有截然不同的观点："将来，只有可持续性高的建筑才能获得成功，才能在市场上长期立足，"斯蒂芬·克莱伯如是说。斯蒂芬·克莱伯是Vivico项目开发商管理委员会的成员之一，他本人有三个项目获得了认证。Hochtief建筑公司的主席Henner Mahlstedt也持有相同观点，他说："绿色建筑不是一种选择，而是一项必须要进行的规划"。在Löhnert看来，现在亟待解决的问题是对已经引进的系统做逐步改进。比方说，对某些标准而言，人们需要制订一些基准。但DGNB表示，他们意图推出一套更新后的认证体系，不仅计划将行政楼和办公楼囊括到评估中，而且还包括既存的建筑结构和住房。

初级认证的授予

尚未建成的建筑也可以获得DGNB质量认证。欧洲广场项目就已经获得了这样一份初级认证证书。该项目是在斯图加特21号城市开发区内兴建的一座办公楼，目前由JSWD建筑事务所设在科隆的办事处做规划设计。从一开始，其投资商——Fay项目工程公司就试图为该项目争取认证，因此事先就制订了明确的目标。Fay公司的总经理Ralph Esser认为，"可持续性建筑不仅体现在环保和节约资源方面，它们的经济成本也很低。"由于该项目的长期价值稳定性、热舒适度、与建筑相关的室外空间品质良好，它获得了满分。

JSWD项目建筑师Thorsten Burgmer为这个结果感到非常高兴，因为他本人也是从全面综合的角度认识可持续性这一概念的。比方说，他们提议建造的中庭可以利用自然通风，同时还可以提供优质的休闲空间。而且他们的设计非常灵活：由于大楼建成之后将包含四个入口核心筒，因此每个标准楼层可以被划分成多达八块的租赁区域，用户可以在租赁区域内搭建任意形式的办公室，无论是小隔间还是开放式空间。目前，人们正全力将提议的技术

组件与建筑构件相融合，之所以有这样的动力，是因为他们希望当建筑建成之后，能够以更高的分数获得认证，超过规划阶段的分数。

Burgmer认为，DGNB标准是对JSWD建筑事务所现有的规划标准的一个良好补充。尽管如此，DGNB指导方针的具体实施仍是一项复杂的任务，这一点从立面就能看出来，正如Burgmer所说："如果人们考虑到葡萄牙的石材价格比较低而选用它的话，经费节约一栏内就可以加上几分，但考虑到交通运输的问题，生态评估一栏又会减掉几分。"

在DGNB质量认证体系的拥护者看来，颁发初级认证证书绝不会违背宗旨，尽管项目的实施细则并未确定下来。以他们的观点，这一认证的重要性在于它可以作为一种类似规划手册的章程得到应用。保罗-翁德里希－豪斯办公楼项目的稽核员Günter Löhnert这样描述它："该质量认证具有优化项目规划和开发效果的作用。"对建筑师Thorsten Burgmer而言，最大的挑战在于尽量遵守与建筑可持续性相关的要求——而最终仍能"得到美观的建筑"。

1、2、4 保罗-翁德里希－豪斯办公楼，
　　　　埃伯斯瓦尔德市巴尔尼姆农
　　　　村地区行政楼；DGNB认证金
　　　　奖；GAP建筑事务所，柏林
3　　　欧洲广场，办公楼，斯图加特；
　　　　DGNB初级认证金奖；JSWD建
　　　　筑事务所，科隆
5、6　　Etrium，办公楼，科隆；
　　　　DGNB认证金奖；
　　　　Benthem Crouwel建筑事务所，
　　　　阿姆斯特丹

4

6

可持续性雕塑

中国宁波可持续性能源技术中心
Mario Cucinella Architects, Bologna

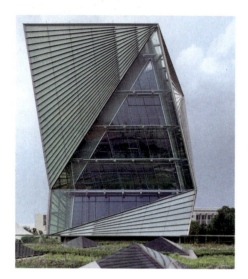

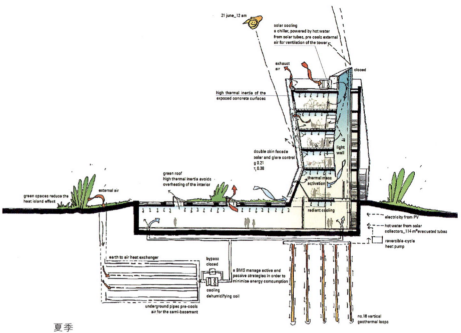

夏季

可持续性能源技术中心（CSET）位于诺丁汉大学在中国宁波新建成的校园内，主要从事可再生性能源技术的研究和发展工作。从该建筑的用途考虑，建筑师将这座1300m²的建筑本身设计成一个典型的、彻头彻尾的可持续性结构就显得再自然不过了。

为了实现这一目标，建筑师不仅考虑了本地的建筑材料和工厂，还为建筑——其外部设计灵感来自当地特有的建筑形式——选择了一系列主动和被动的能源利用方案，旨在使其在未来能够实现自给自足。这些方法包括利用自然光和自然通风，以及使用地热采集器和真空太阳能采集器对实验室、报告厅和办公区域进行供暖、制冷和除湿。

在此工作的科学家通过调查研究须明确判定，如果完全放弃传统的空调和供电技术能否真正达到他们的既定目标。即使未考虑到这些情况，2009年3月，该项目已经在戛纳举办的房地产交易会上荣获绿色建筑奖。

乡间的端庄倩影

The Long Barn Studio, Maulden/ Bedfordshire, GB
Nicolas Tye Architects,

长谷仓工作室位于贝德福德郡中部，处在Maulden村边界。计划书中描绘的是设计新颖、个性张扬的工作室建筑及场地，这里可以为建筑师自己的办公室营造出一种舒适、健康且可以激发灵感的氛围。其设计理念的核心是一个建于低洼地带的线性玻璃盒结构，两端均包裹着落叶松木覆层，并沿垂直方向安装了许多相交的木质外壳。在材料、形态、细部方面，

建筑均与其周围环境巧妙地融合在一起。木覆层和耐候钢用现代的建筑语汇反映出当地既有的农业建筑风格。

所有的外墙都采用200mm厚的实心砖砌筑，做外保温处理，并覆以落叶松木，所有内墙都是砌块墙。这些蓄热体可以防止工作室快速升温或冷却。该建筑还远远超过了各项建筑规定的要求。建筑师

使用了多种可持续性的健康工艺，其中包括风涡轮机、雨水采集装置、苇地污水处理装置、堆肥设施、员工种植园、遍布各处的低能耗中央控制照明系统和安装在地板下的供暖系统、生态/有机涂料和可以供应天然新鲜空气的复合式热交换空气来源加热泵。

大量石灰——CO_2零排放

Housing Estate Clay Fields, Emswell, Suffolk, GB
Riches Hawley Mikhail Architects, London

Riches Hawley Mikhail设计的Clay Fields项目包括26座大众价位的住宅。这是一个展示项目，旨在于既存的村庄内建立一片低成本并反映当地风情的住宅，创立出一套具有模范意义的、新型可持续性方法，杜绝"漂绿"现象的发生。据Buro Happold咨询公司介绍，建成后的项目比英国现有的任何一个多单元住宅项目都出色，更接近零碳排放的目标。借助被动式设计、生物质社区供暖系统和一套创新性、麻丝保温气密性结构，与按照规定建设的典型住宅相比，Clay Fields项目可以节省60%的蕴含能源和在生命周期内使用的能源。首先是规划场地——让所有房屋都朝南。9座三卧住宅、13座两卧住宅和4座公寓式住宅的建筑面积相等，均为5.5m×8.1m，且都配有一座私家花园和室外仓库（图1）。这些房子每三座连成一排，每六座构成一个街区，两两背对而设。两排之间交错布置，从而保证所有房子都能看到远处的风景，并可以享受无阻挡的自然光线（图2）。南立面有50%的面积是用玻璃覆盖的，是当地采集太阳能的最佳比例。建筑师将大扇的窗户安装到各个不同位置，将四面八方的景色尽收眼底。该建筑使用了部分预制的木结构框架。为了防止扭转断裂现象的发生，建筑师在木框架的内部加入了Sasmox石膏纤维板内芯。墙体用Hemcrete（麻纤维混凝土）做保温处理，这种材料中混合了粗糙切割的麻和熟石灰，另外还包括起

到加速固化作用的波特兰水泥添加剂。Hemcrete喷射在框架上（图3、图4），形成没有空隙的实心墙体(空隙会影响到住宅整体的通风系统的效率)，其U值为0.22W/m^2K（图5）。由于麻含量较高，而且石灰具有吸收CO_2的性能，因此最终建成结构的碳排放为负值。山墙立面涂有20mm厚的抹灰，且选用了浅黄褐色和粉红色的萨福克郡石材。抹灰一直延续到花园围墙的黏土砖上，围墙顶端装有雪松木瓦。东西立面镶有水平红雪松木板。屋顶采用雪松木瓦，其保温材料是由一种用回收棉纤维制成的麻类产品Isonat。从屋顶上流下的雨水被储存在6000 L的地下雨水池内，这些水会回流到屋内的集水箱里，做厕所冲刷和花园浇灌之用。该装置的规模足够满足公共式供暖系统的需求，小型设备的能源供给来自当地的废木屑。在屋内，交错排列的垂直结构使三层高的住宅可以在使用开放式楼梯设计的同时满足防火的要求，并借助自然对流现象实现整体通风系统的运作。该系统的热交换器——放在厨房中的一个如锅炉般大小的装置中——从废气中回收80%的热量，为进入室内的空气预热。

1

2

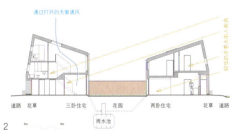

3

4

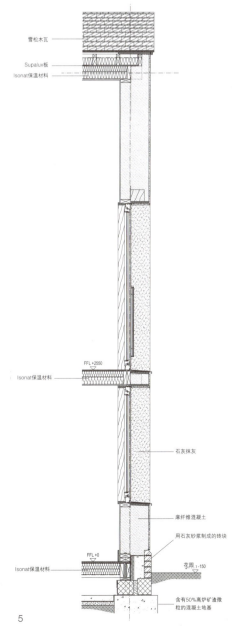

雪松木瓦

Supalux板

Isonat保温材料

FFL +2550

Isonat保温材料

石灰抹灰

麻纤维混凝土

用石灰砂浆制成的砖块

FFL +0

花园　1:150

Isonat保温材料

含有50%高炉矿渣微粒的混凝土地基

5

2

世纪信息：太阳不会给我们寄账单

Franz Alt

想要超越今时今日的生态化水平从来不是一件容易的事情。因为"生态化"是要付出代价的。在富庶国家生活的大多数人并未在一夜之间变成生态学家，但他们会逐渐使用生态化能源，提高能源效率，因为他们想省钱。在德国，有越来越多的房主正着手改善自家房屋的保温性能，因为他们已经意识到，只要经过几年时间，采用这种做法得到的结果就比浪费能源要便宜。消息在德国、奥地利和瑞士已经传开了：节约能源就是节约金钱。降低成本与保护环境是齐头并进的两个任务。

可再生能源的潜力

过去16年来，我们在巴登–巴登的一位邻居一直对我们的太阳能发电装置恶语相向，现在他的看法发生了转变。"现在的旧能源太贵了！"这句话已经成为他现在的口号了。

德国总理安格拉·默克尔也知道这样一个道理："你忽视这些必要任务（关于节能）的时间越长，日后无可避免地弥补所付出的代价就越大！"——这话尤其适用于建筑业。的确，环境保护要有一定的花销——但不去保护环境的代价又是多少呢？多年以前，德国复兴银行（German Bank for Reconstruction）曾向自己的客户证明：不保护环境就会为将来付出代价。

在未来几十年之内，那些转而使用100%可再生能源的国家将成为明日全球经济的领头羊。他们拥有光明的未来。利用可再生能源这种明智的决定是关乎我们所有人的一项抉择——对此我们都有行动上的自由。采用可再生能源也意味着更大的独立性。利用可再生自然能源的人将拥有最多的发展机会。

有史以来第一次，太阳能时代的到来为我们所面临的能源问题找到了一种长久的解决方法。石油、煤、天然气和铀都会很快耗尽，但我们还可以在未来的几百万年内，使用太阳能、风能、生物质能、海洋能、水能和地热能。尽管如此，世界各地的政治家和人民、建筑师和规划师都未能在预防气候灾害方面尽到应尽的义务。如果我们全力投入，就能创造出几百万个工作岗位，创造出的全部太阳能价值都将留在各个地方，地方经济将因此受益，地方文化和身份将得到提升，对未来的民主控制和分散性能源供给终将实现，而且当代人和子孙后代的生活基础也得到了保证。盛产石油的阿布扎比酋长国是阿拉伯联合酋长国的成员国之一。该国巨额财富的98%来自黑金资源。而且，这里于2009年建成了世界上第一座太阳能工业城市——马斯达尔（Masdar）。

47 500位居民和1500家企业的生活与工作将完全依靠可再生能源。该项目的领导者苏尔坦·奥·贾巴尔（Sultan Al Jaber）确信，"终有一天，所有城市都会建成马斯达尔这样。"马斯达尔的城市规划师是著名的英国建筑师诺曼·福斯特（Norman Foster），他曾为柏林设计了德国国会大厦（Relchstag），其95%的能源采自可再生能源，他还为法兰克福设计了德国商业银行（Commerzbank）的节能摩天大楼。福斯特认为，"太阳能不只是一种短暂的风潮，而是事关人类生存的大问题。"德国的太阳能公司Conergy正在为这座太阳能城市建造主体发电装置。马斯达尔模式真的在各处都适用吗？

甚至连欧洲最大能源公司的老板伍尔夫·贝诺塔特（Wulf

Franz Alt是一位记者兼作家：他为报刊杂志撰写特约评论和背景报道，并在世界各地举办有关可再生能源和太阳能时代的讲座。他已经获得了无数项环保和太阳能奖项，以表彰他做出的贡献。详见www.sonnenseite.com。

Bernotat）也掀起了一阵小小的风潮，因为他透露，他本人新近建成的住宅内装配有一台热力泵和若干个太阳能组件，使他可以节省掉之前电费的80%。在E.ON公司总裁的私人居所内，他已经利用太阳能节省了开销，而与此同时还在向自己的客户出售旧式能源，后者的价格正日益攀升。伍尔夫·贝诺塔特已经明白这样一个道理——太阳是永远不会寄账单的，同时，他也告知自己的客户们：电和天然气的价格将持续上涨。

太阳能宝藏——万众共享的繁荣

地球必须感谢太阳赐予我们如此丰厚的宝藏。太阳每秒输送给地球的热量是67亿地球人当前所需热量的15 000倍。但我们对这一天然宝藏的利用率实在太低了，因为我们对它没有足够的认识。我们仍深陷在旧式的原子能/化石能源经济僵局之中，对许多人而言，它们意味着战争、环境破坏、剥削和贫困，而对所有人而言这意味着经济的解体。为了满足当今的能源需求，我们从沙特阿拉伯进口石油，从西伯利亚进口天然气，从澳大利亚进口铀。但我们对环境友好型能源、本地能源、太阳能、风能、生物质能和地热能的使用量却非常小。结果造成了"整个人类历史上最大的市场运作败笔"，这是前世界银行首席经济学家尼古拉斯·斯特恩（Nicholas Stern）爵士对人类当前执行的疯狂能源政策所做的描述。

哪怕只是出于这个原因，也应该充分利用太阳能：未来属于太阳，它可以再足足照耀地球长达几十亿年之久——免费、环保，也不会引发任何战争。如果没有太阳，任何生物都无法生存。然而，我们每天燃烧的煤、天然气和石油是自然界历经50万个日日夜夜的酝酿才形成的。只有当我们认识到这种行为有多么疯狂之后，我们才能走上太阳能时代的康庄大道。惟有建立起一套全球化的太阳能经济体系，人们才会开始认真地考虑利用无限的太阳能资源，我们所有人都能大规模地获取这种能源。太阳能时代与全球性太阳能经济的目标是：做太阳的子民，做自由的子民！这就意味着，在一个公正的世界上享受自由。任何利用太阳能建造房子的人都为和平做出了贡献。

带有能源转换标志的太阳能建筑

实现100%转换所需的技术已经发明出来了——而且在德国的发展尤其顺利。比如说，太阳能建筑师罗尔夫·迪施（Rolf Disch）已经在弗莱堡（Freiburg）修建了60栋房屋，其太阳能屋顶产生的电量是住户所需电量的三倍。将来，我们可以用自家

的屋顶赚钱，同时又可以保护环境。这是一种双赢的局面！哦，我的太阳！

全球性太阳能经济和美观的太阳能建筑将会对人类的创造潜力提出新的挑战。数以百万计的太阳能新兴代理人和倡导者将会在全世界的中小型产业以及农民、房主和建筑师中脱颖而出。没有哪个社会、地区或国家没有能力完成向可再生能源的100%转换。毕竟太阳照耀着地球上的每一寸土地。这意味着环境保护是有可能实现的。想要逃离温室效应还有一条出路。2007年，可再生能源的销售额首次突破了1000亿美元——到2012年这个数字可能增长到8000亿。这标志着太阳能时代的到来。建筑师将学会辨认方向，并利用太阳能建造建筑。如果把房子建在坐北朝南的方向上，房主就可以节省一半的供暖能源。我们还在等什么呢？

美国的可持续性建筑

——詹姆斯·汀布莱克与理查德·迈蒙（Kieran Timberlake建筑师事务所）访谈

人们知道Kieran Timberlake建筑师事务所（费城），是因为耶鲁大学雕塑大楼与美术馆、西德威尔友谊（Sidwell Friends）中学等获得LEED白金认证的项目以及像"火炬松住宅"和"玻璃纸住宅"这样的实验性项目。该公司多年来一直对可持续性问题感兴趣——早在LEED诞生之前便已如此。托马斯·马德莱纳(Thomas Medlener)就美国可持续性建筑的新近发展情况及其未来走向问题对詹姆斯·汀布莱克（James Timberlake，以下简称"詹"）和理查德·迈蒙（Richard Maimon，以下简称"理"）进行了采访。

您二位如何评价当前美国民众对可持续性建筑的态度？您们认为这种态度是如何形成的？

詹：花140美元购买一桶原油的事实极大地改变了人们的世界观。在过去几年间，我们已经进行了多次实际检验，去年一年，公众对整个可持续性论点的理解程度加深了许多。其中部分原因是由于他们开始感觉到自己口袋里存款的变化——而且他们正逐渐意识到自己可以用一种不曾留意过、或者曾经不感兴趣的方法来亲手解决这个问题。

理：除了整体的经济现状以外，以上事实的确唤醒了一部分非环保人士。

詹：美国能源开支的近50%花在建筑上。这迫使建筑业和建筑团体都开始转变思路。

这样是否会带来新的整体式设计方法，或者为已有的设计理念加入一些绿色环保的因素？

詹：我们相信这些事物应当是作为一个整体而存在的，具有实际作用，而不仅仅是绿色的"珠宝"，单纯为了炫耀绿色特质而成为建筑身上的装饰品。

理：这样的话，对建筑实际功能方面的考虑是否会把我们这些建筑师引导到一个全新的审美角度上呢？

詹：我感觉，大部分建筑师都认为只要多勾选几个项目就能拿到可持续性奖项——客户们也有这样的想法。但这种情况正在发生变化。建筑师现在已经意识到这只是他们理应负责的一部分，而且有更多的客户明白了这样一个道理——建造合乎道德标准的建筑对他们的学生、委托人、他们所建造大楼的使用者和公众都有好处。在五年之后也许会实现、十年之后必然会实现的一个情况是：我们不会再谈论美国的绿色环保奖项问题，而是点名批评那些没有参与环保活动的人。人们会做出改变，因为他们不想成为一种耻辱——无论是对自己，还是对他们所属的团体均是如此。

那么您认为他们是真的相信可持续性建筑，而不是把这当成一种营销噱头？

詹：那是几年前的情况，至少对建筑师来说现在已经不是这样了；对业内特定的客户阶层而言，情况仍旧有所不同。对开

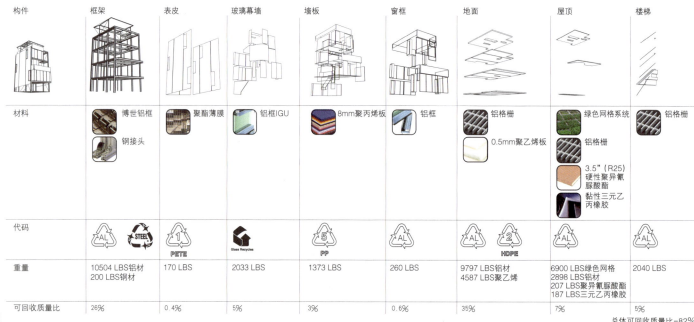

构件	框架	表皮	玻璃幕墙	墙板	窗框	地面	屋顶	楼梯
材料	博世铝框 钢接头	聚酯薄膜	铝框IGU	8mm聚丙烯板	铝框	铝格栅 0.5mm聚乙烯板	绿色网格系统 铝格栅 3.5"（R25）硬性聚异氰脲酸酯 黏性三元乙丙橡胶	铝格栅
代码	AL STEEL	1 PETE	Glass Recycles	5 PP	AL	AL 2 HDPE	AL	AL
重量	10504 LBS铝材 200 LBS钢材	170 LBS	2033 LBS	1373 LBS	260 LBS	9797 LBS铝材 4587 LBS聚乙烯	6900 LBS绿色网格 2898 LBS铝材 207 LBS聚异氰脲酸酯 187 LBS三元乙丙橡胶	2040 LBS
可回收质量比	26%	0.4%	5%	3%	0.6%	35%	7%	5%

总体可回收质量比=82%

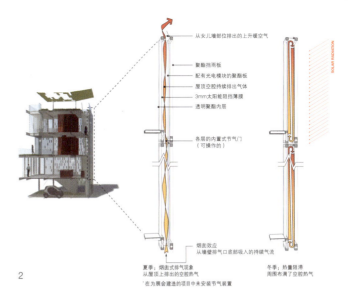

1 展示"玻璃纸住宅"所含构件和所用材料及其可回收性能的图表。
2 展示"玻璃纸住宅"立面性能的示意图。
　通风系统使双层表皮可以在冬天积攒热量，或是在夏天排出热量。
3 "玻璃纸住宅"，现代艺术博物馆，纽约，2008年。
　受MoMA委托为2008年"家宅速递"产品展专门建造的项目，该
　住宅是以一套构件系统为基础建成的。其立面是由带有集成光电板
　的薄膜构成的。

发商而言，这在很大程度上仍是一种营销手段。公众的感觉是
"如果买一辆环保型汽车，我会看上去很酷"。所以这么做包含
耍酷的因素、营销的因素、接受性的因素，还有实干者的努力。
这一行动已经触及公众群体的多个层面，它已经从一种时尚宣言
变成了"这才是我们应有的行为和生活方式"。但我们还要等上
二三十年的时间，等到我们不随手关灯孩子就会斥责我们的时
候，他们就真正懂得这个道理了。

　　因为人们只想要更廉价的方案，所以眼下的经济危机是否会
损害到可持续性建筑的发展？
　　詹：我们在办公室的时候仔细考虑过这个问题，并在一系
列预算编制工作中发现了一点门道。这场经济危机最初表现为石
油价格的急剧上涨，现如今又急速下降，这一过程已经导致某些
立场的转变。另一方面，我认为跟客户说这种状况会维持一段时
间，他们做决定时应当考虑的是使用寿命长短，而不是最初投入
多少，这样的劝导接受起来会更容易一些。

　　开发商也是这么想的吗？
　　詹：不尽然。廉价的信誉是根本不存在的。有些非常有前景
的项目也因此被搁置了下来。已经在建的项目最终会完成，但至
少未来两年之内，你不会再看到更多的节能新建筑。
　　理：这之后你还要为主要建筑产品和系统供应商的研发经费
担忧。如果销量下降的话，制造机械系统的公司还会投入那么多
资金？光电技术似乎时常有大踏步的发展——它能否再做几次
大的跳跃，真正成为一种实用技术？

　　建筑师应当采取怎样的策略？他们应该做研究，还是只要寻
找一些价格低廉、技术含量低但同样有效的方案呢？
　　詹：建筑师如果耍小聪明的话，就会寻求价格低廉、技术
含量低的方案；但如果是真正的聪明人，他们会去做研究。我认
为，告诉别人你就应该去做研究是不公平的，因为他们可利用
的资源多少以及可把握的客户机遇可能跟我们有很大的差别。能
拥有像西德威尔友谊中学这样的客户是我们的幸运，他们找到我
们，希望建造一座可以获得LEED白金认证的建筑。还有资源丰
富的耶鲁大学，说"我们想用23个月的时间建造一座大楼，希望
至少能获得一张LEED银奖或金奖认证"。当我们证明在同样的
时间内可以达到LEED白金认证的标准之后，他们觉得非常物有
所值，并开始付诸行动。能接到"火炬松住宅"和MoMA"玻璃
纸住宅"这样的项目并得以全方位参与到实验活动之中，我们也

6　显示"火炬松住宅"立面的示意图。安装在玻璃幕墙前方的双折叠
　　门可以反射太阳光，或者在两层立面结构之间存储热量。
7　"火炬松住宅"，Taylors岛，马里兰岛，2006年。
　　这座度假屋被精心地安置在切萨皮克湾（Chesapeake）沿岸的火炬

松林间。它是用一系列场外预制构件组成的，可以轻松地装卸。
8　"火炬松住宅"的监控数据和传感器位置。
9　显示"火炬松住宅"传感器位置的平面图和剖面图。

4　Shipley中学西侧初
　中部，布林·莫尔
　（Bryn Mawr），宾
　夕法尼亚州，1993
　年。LEED诞生前建
　造的学校，采用当
　地出产的可持续性
　材料、挥发性有机
　化合物含量较低的
　涂料、低放射性材
　料和生命周期较长
　的材料建成。

5　宾夕法尼亚大学
　的Levine礼堂，费
　城，2003年。在北
　美地区建造的第一
　道主动式节能幕墙。

备感荣幸。我们做研究，从事艰难的教育工作，也实施监控——
目前我们正在对五座建筑实施监控。监控措施在很大程度上已
经变成了一种工具——我们是ISO认证机构，监控本身也是我们
接受ISO（国际标准组织）审核时的必经过程——因此我们的确
从中获益颇多。但许多建筑师，比如说那些为开发商建造低收入
人群集合住宅的建筑师们则不得不依靠建筑体量和大量工作换取
的低酬金生存。这样一来，想要迅速推进整个研究日程就变得比
较困难。另一方面，我也觉得本行业确实有必要提升水平。我们
有责任向每一位新客户问这样几个问题："我们可以做些什么？
贵公司有何能力？利用这一具体项目中的全部可用资源能做些什
么？"这就是我们还要再等一代人时间的原因。

　　在Kieran Timberlake建筑师事务所您做自己的研究……

詹：1999年到2000年这段时间，我和史蒂夫（Steve）
对公司做了一番审视，我们问自己："这个模式到底缺了些什
么？"——答案是对未来的再投资。基本上每两个产业中就有一
个会这么做，他们搞研发，将税前利润的一部分重新投入到公
司建设之中。可是在2000年的时候，我们找不到还有哪个美国
建筑师事务所是这样做的。也许有一些，但当时表现得尚不明
显。所以问题的关键在于帮助我们的员工成长，提高他们的参与
度，关注他们的智力健康和发展动力情况。这切实关系到本公司
的可持续性发展。现在我们不会单纯探讨形状和表面之类的问
题，一些真正有深度的问题吸引了人们的注意，他们发现研究、
探讨这些问题非常有趣。我认为，这对我们来说是一种独特的经
历——有一种改革求新的作用。

理：2001年，我们获得了Latrobe研究奖学金，这是由华盛
顿美国建筑师学会（AIA）院士团首次颁发的奖项，也是对我们
研究成果的一种认可。我们在此之前已经提交了一份议案，内容
包括考察汽车、航空和造船等其他产业的情况，以及研究它们如
何达到如此高的水准。我们想向他们学习：为什么这些连动都
不必动的建筑在美国会如此地落后？为什么质量这么差，但建筑成
本却这么高？为什么生产率平平，而在其他产业中有一半领域的
生产率都有所提升？有了这笔奖金，我们就可以组建一支科研军
团，成员们可以把所有时间都用在科学研究上，不一定非要与项
目相关。现在我们有一位全职科研总监和一个由若干人组成的研
究小组。他们独立开展工作，将"玻璃纸住宅"这样的项目变成
现实，依照具体的日程替客户对研究进行评估，另外就是做一些
比较传统的研究，作为本公司承办项目的一部分。其中每个项目
都会在设计、地点和客户需求等方面出现5或10种主要问题，我
们随后会将这些需求融入设计。我们涉及的业务包括材料研究、
生命周期成本评估、回收材料、材料再分配、能源制模、系统建
立。我们的办公室内也有一间工作室，可以在那里制造出1:1比
例的实验模型并对其进行测试。这种方法得到了某些客户的认
同。现在到我们公司来的客户对创新产品的兴趣比以往更加浓
厚。他们变得很挑剔。就连年轻的建筑师——从世界各地与我们
联系，希望能得到一份工作——也说过这是一个很有吸引力的卖
点。他们看上去真的很感兴趣；他们没有把在我们网站上看到的
内容直接抄下来寄回给我们。

詹：说到这点，自从我们在大约25年前开始创办一直到现
在，Kieran Timberlake建筑师事务所一直在践行可持续性发展的
原则，并坚持履行环境道德方面的职责。我们和客户以一种常规
方式实施这一方案，讨论如何使用某些系统、某些策略和某些材

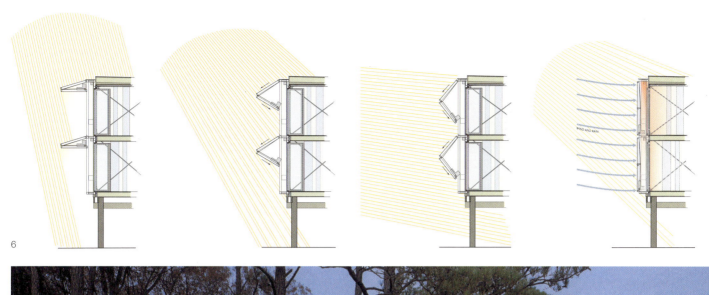

6

7

一层状况：室内、室外、空腔

一周时间（2007年3月21~28日）

太阳辐射

室外温度

中部空腔

室内温度

窗户表面温度

低层空腔

传感器位置

日射强度计（太阳辐射）

室外温度/相对湿度

空气温度

表面温度（窗户内部）

室内空气温度

门处于开放/关闭状态

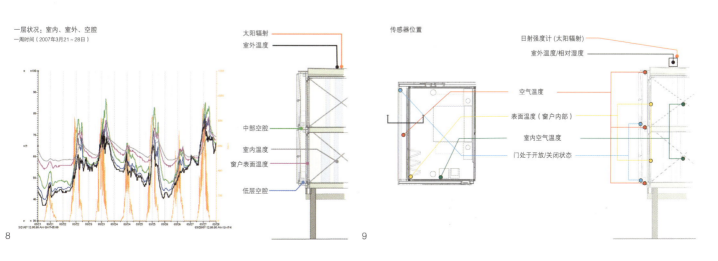

8

9

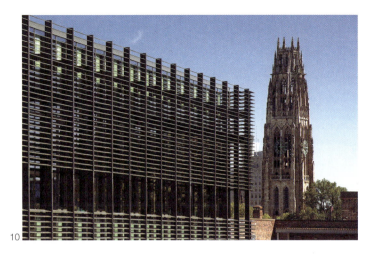

10

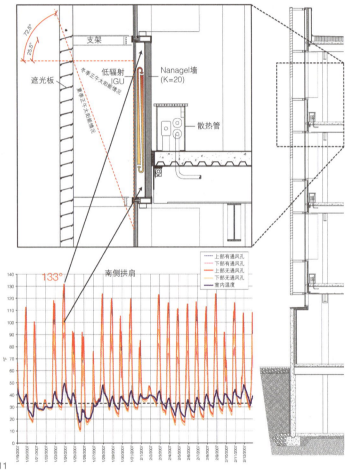

11

12

10,12 耶鲁雕塑大楼，耶鲁大学，2007年。
在场地上采取最佳的建筑朝向，使用三层玻璃板和半透明保温板制成的玻璃幕墙，配有室外遮光板以减少太阳得热。使用可开启式窗户方便大楼在春秋两季时能够实现自然通风。
置换通风系统的运转速度较低，而温度比常温要高。
室内的镶板100%是用客户废弃的报纸回收制成的。无需冲水的小便器、低流

料。16年前，我们以实用方法在Shipley中学内设计建造了西侧初中部，这完全是在LEED认证系统诞生之前。我们利用当地出产的可持续性材料、挥发性有机化合物含量较低的涂料、低放射性材料和生命周期较长的材料建造了一系列完整的结构体系。

当时说服客户会不会很困难？
詹：说服客户很容易，因为这么做都是为了学生。那座特殊建筑所遵循的原则之一就是教孩子们一些建筑知识，用实物让他们了解建筑是如何展示自身的风采及其系统设置的。16年前，西德威尔友谊中学也曾将这一事务提上日程，即向孩子和家长们讲解一座建筑是如何运作的，又是如何与环境联系在一起的。而现在我们又稍微前进了一步——我们有绿化程度极高的屋顶和光电板；我们有太阳能烟囱和中央供能装置，后者同时还为校园内的其他建筑服务；我们有一片人造湿地，可以对废水进行处理和回收，将其转化成楼内使用的灰水；另外，我们还回收利用了一些材料，如用旧酒桶制成的室外覆层。

理：为了解释这套系统是如何演化而来的，我们早期承接的工作基本上都是义务为教育机构所做的项目。那些项目不代表美国的主流思想，这种思想首先考虑的是成本，而后是销售，不会对环境做多少考虑。每个机构都明白，建筑将成为其财产，他们要在未来很长一段时间之内对其进行维护。因此，他们对如何避免表面上的油漆脱落，或如何用经济实惠的方法处理空调和供暖系统非常感兴趣。早先修建的这些机构大楼对我们而言相当于一片学习园地，拥有这样的客户基础，是我们为环境可持续性事业扬言立论的一项重要保证。

詹：我们早期完成的很多项目都具有创新性的特点。我们必须非常迅速地掌握各种系统的生命周期成本，知道哪些系统可以在建筑中保留下来，哪些应当换掉，并把这些知识经验运用到新的建筑之中：哪些系统可以用得比较长久，哪些寿命短一些？这构成了我们做新设计时所需遵循的主要原则。另外，我们还始终追求集成系统，如内置在幕墙中的机械式系统。我们与帕马斯公司（Permasteelisa）合作，在北美建造了第一道主动式节能幕墙，就在费城宾夕法尼亚大学的Levine礼堂内。我们还就该项目同客户探讨了如何降低能源成本、延长生命周期维护等问题。

做那个项目时，说服客户也很容易吗？
理：Levine礼堂自从建成以来一直广受师生们的欢迎，为了该项目，我们做了大量的研究与分析。我们付出的那些努力并不是非要得到回报。我们从外面聘请了顾问，帮助证实该系统的优

速水龙头和连接屋顶雨水收集装置的抽水马桶，都减少了用水量。

11　展示耶鲁雕塑大楼立面相关数据的图表，包括监控数据

13　西德威尔友谊中学，华盛顿，2006年。
　该校想要一个增建项目，一种可以体现自然环境与人造环境之间伦理关系的创新性结构。可持续性设计之一就是建一片人造湿地，对废水进行处理之后回收再利用，作为楼内的灰水使用（可节约94%的城市用水）。其他设计包括为校

园内其他建筑服务的中央供能装置、安装在建筑外部的遮阳板、太阳能烟囱、绿色屋顶和光电板。
　再生速度快、在当地生产的可回收材料包括用西洋杉发酵桶制成的覆面材料、用火车卧铺车厢的旧地板制成的木质地面，以及用巴尔的摩港的立桩制成的屋顶防水层。

14　展示西德威尔友谊中学用水流程的示意图

势。最后，我们跑到意大利去找到了一个已经投入使用的同类系统，以此来证明我们的观点。但在此期间召开了无数次会议，参加会议的师生人数也在与日俱增。

您认为未来发展的潜力在哪里？

詹：我认为未来会对建筑观产生影响的重大问题存在于设计方案中。客户和建筑师采用何种设计方案对建筑的质量和发展都会造成一定的影响，而且建筑成本也因此在逐节攀升。如果留意一下汽车的发展过程，你就会发现，10到15年以前，最便宜的与最昂贵的汽车在质量和舒适性方面有着天壤之别，而现在就连最便宜的汽车窗户上都装有电动升降装置，脚下铺的不再是橡胶垫，而是地毯。人们想要更奢华的外观、更舒适的设计，但我认为我们的建筑不该沦落到这种境地，它们应当更灵活，这样才会降低成本。它们应该变得更简单，以便能更轻松地将新研发出的可持续性系统融入其自身结构之中。其复杂性，无论是在程式化方面，还是在系统智能化方面，都注定了这些结构在今时今日很难达到可持续性标准，即使达到成本也很高。我们可以将各种系统融合成一个整体，但同时也必须保证能轻易地辨别出各个部分，以便在某一构件寿终正寝时将其替换掉——结构系统比机械系统的持续时间更长久，而后者又比室内终饰持续得更长久。

您觉得将来可持续性建筑以及公众对可持续性的整体态度会向何处发展呢？

詹：有时，精神上的宣泄和危机是好事。它会让你对不断加重的现状重新做一次审视。我们都听说过大萧条时期的故事，没人愿意让自己的孩子再去经历那样的情况，也没谁愿意亲自经历一次。我们希望自己可以从过去的几代人那里学到些经验，而不必付出令人痛苦的代价，但每代人都会经历一些事情，一些促使他们重新审视或改变自身行为方式的事情。我认为，我们正处在这样一个过渡的时期，在未来20年间，我们的行事方式和资源处理方式将产生重要影响。而现在的公众舆论也比两年前要强大得多。

理：经济危机爆发之前，美国的普通房屋规模就已经开始变小了。这一现象的出现表明，人们对所有这些问题已经拥有了一种广泛的认知；但是自1970年以来，房屋的体量就一直在变大，几乎大到了一种令人尴尬的地步。

詹：如果人们认为2000年至2010年或2015年的情况会与上世纪60年代的社会动荡有相似之处，我也不会感到意外。如果后来的社会论述没有发生改变，那么2009年就不会推选出一位非裔美国总统了。我相信，目前实施的环境举措会在20年之内收到效果。

13

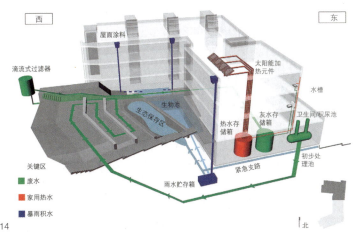

14

美国银行大厦

密度和体量的生态潜能

继帝国大厦之后，即将完工的美国银行大厦是纽约第二高的摩天大楼。该建筑毗邻时代广场，是两大机构基于共同利益的多年合作成果。早在20世纪90年代，美国银行就有在纽约新建一座标志性总部大楼的愿望。该建筑不仅要在视觉上显示出其在曼哈顿中心的地位，银行还希望通过创造一流的工作环境来保证员工的忠诚度。在美国的环境与能源意识逐渐提升的背景下，该金融机构也在试图展示以可持续性原则为基础建造的示范建筑在经济与生态利益方面的兼容性。

在40年间，地产开发商杜斯特（Durst）公司在百老汇与第42街之间开发了大量的土地，形成了曼哈顿地区最大的连续性建筑场地（8000m^2）。当然，其中可持续性建筑的市场潜力已经得到认可，在各种"绿色"建筑的建造中也获取了丰富的经验。现在，所有可用的技术方法与形式都应用于这座超大规模的灯塔式建筑的设计中。

之前两位曾与杜斯特家族有过多次合作、擅长建造可持续性建筑的建筑师理查德·库克（Richard Cook）和罗伯特·福克斯（Robert Fox）于2003年赢得了设计委托。截至2008年秋，毗邻布莱恩公园一号（One Bryant Park）、拥有绝佳地理位置的美国银行大厦的入住率已经达到了50%。塔尖和底座的施工工程在2009年夏竣工。

大厦拥有水晶般的外形，与周围建筑相比，它显得卓尔不群。作为一座"标志性建筑"，它具有很高的公认价值，当然还有必不可少的鲜明存在感。大厦高度上2/3部分墙体的拐角稍稍向内倾斜，使得整个体量看上去更加轻盈且富有动感。这一特征也提升了下部街区空间的自然采光和空气质量，同样也拓展了室内的视轴，不然视轴通常会被纽约典型的街区网格所限制。将立面稍稍向天空倾斜也使更多的日光进入室内空间。带有广阔商业空间的七层方形基座结构占据了整个街区。几处新建地铁出口和公共"城市花园房间"——布莱恩公园斜对面的扩建项目——创造出与周边城市空间的诸多联系。

由于将大厦置于这一异常密集的环境中，因此利用了当地的公共交通作为大厦的进出途径，这一决定预先获得了志在必得的环境认证的加分。布莱恩公园一号是美国第一座获得LEED白金认证的办公大楼，LEED白金认证是美国绿色建筑协会颁发的最高生态等级认证级别。

建筑师：Cook + Fox Architects, New York
结构工程师：Severud Associates, New York
机械工程师：Jaros, Baum & Bolles, New York
外墙顾问：Israel Berger Associates, New York
能源顾问：Viridian Energy & Environmental,LLC, New York
LEED顾问：E4, Inc, New York
BOA外聘建筑师：Gensler, New York
施工：Tishman Construction Corporation

"城市花园房间"的电脑效果图

总平面图
比例 1：7500

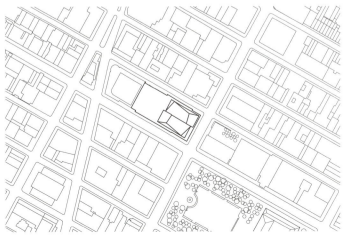

过程中蕴含的可持续性

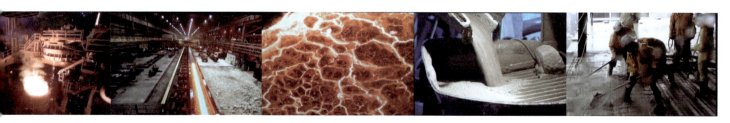

用于布莱恩公园一号中的再生混凝土
Andy Mueller-Lust (PE, SECD, Severud Associates)
Alice Hartley (LEED AP, Cook + Fox Architects)

在世界范围内，水泥的生产约占全部CO_2排放量的5%，这是建筑业温室气体的最大来源之一。水泥大约占各种混凝土混合物的15%。因此，绿色建筑可以通过代用材料替换水泥在基础和上部结构的份额，以达到减少对环境负面影响的目的。

颗粒状高炉炉渣（GBFS）是炼钢过程中产生的废料。石灰与铁矿石中的矿物质发生化学反应后，所产生的物质与波特兰水泥非常相似。再加上粉煤灰（燃煤发电设备的废料），GBFS可以显著减少CO_2的排放量，每吨水泥大约可以减少排放1吨的CO_2。

实践证明，用GBFS替代水泥对混凝土的性能没有负面影响。相反，用矿渣水泥可以生产出更加密实而耐用的材料。"海伦娜（Helena）"是杜斯特公司在纽约市拥有的一个住宅开发项目，它是一座较早大量应用矿渣水泥的建筑。在筹划该项目时，业主授权的研究表明，用GBFS替代高达45%的水泥可以使混凝土的强度增加25%。承包商最初对使用如此高份额的GBFS持怀疑态度，因为附加强度在56天之后才生效（普通混凝土为28天），而且最初的配置也比较缓慢。业主和设计团队拒绝了承包商意图将加大传统混合物份额作为后备方案的做法。最后，表面终饰工作和模具的移除都进行得非常顺利，没有必要换用传统的混合物。

在美国银行大厦这一项目中，GBFS再一次替代了全部基础和上部结构所用混凝土中45%的水泥。这一次，混凝土供应商和承包商几乎没有施加阻力。在用泵抽取较高强度的混合物时遇到的一些小问题也得到了解决。大厦共使用了近66 000m³的混凝土，如此一来GBFS的运用就节约了17 000多吨的水泥。一种工业废料就此转变为有用的材料，同时也减少了近16 000公吨的CO_2向大气中的排放量。除了环保方面的优势之外，这种混凝土还能够创造出更加坚固的剪力墙和更加密实的基础——这对低于地下水位的建筑基础的建造来说是非常重要的考虑。

欧洲很多环保标杆建筑对其采用的产生或节约能源的建筑或技术措施毫不掩饰。相反，布莱恩公园一号大厦的一个显著特点就是其在生态学方面取得的成就在建筑中不易察觉，这些成就在美国的建筑环境中表现非常显著。如大厦没有太阳能光电池、多层立面或风轮，但是它当然并不缺乏与上述相似的技术手段。

十年前，地产开发商杜斯特公司在附近建造了立面整合有光电板的康德·纳斯特（Conde Nast）绿色大厦。然而从经济角度来看，该建筑并不具有说服力。有了这次的经验教训后，甲方决定所采用的措施应具备如下条件：有望在投入使用五年内分期偿还全额外投资总额（项目成本的2%）。只要注意到这些参数，设计者就可以放心地实施他们的可持续性概念了。

另一个重要的约束条件是要留意期望达到的LEED认证评判标准，该认证只限于对可见的材料或建筑手段的关注。有近1/4的得分与建筑场地本身的标准有关，其他得分主要与建造过程有关：尽可能在场地四周约800km方圆之内获取材料。这是为了减少运输过程中的能源消耗。其他节能举措还有采用60%可回收钢材，这在美国是相当普遍的。一项创新举措是将大厦所用混凝土中近一半的水泥替换为可回收材料（颗粒状高炉炉渣），详见左栏。这一系列与实际施工过程相关的环保措施还包括电缆卷轴的再利用和使用认证木材作为覆层材料。

供应的材料来自纽约市方圆800km之内

A 结构用钢材（南卡罗来纳州哥伦比亚）
B 幕墙（加拿大蒙特利尔/康涅狄格州温莎）
C 混凝土（纽约切斯特港）
D 浴室台板（纽约布鲁克林）
E 毛石（佛蒙特州的多处地点）
F 石材加工（新泽西州帕特森/纽约布朗克斯）
G 细木工制品（纽约牙买加湾）
H 入口地板（宾夕法尼亚州红狮地板/Red Lion）
I 石膏墙板（宾夕法尼亚州Shipping port）

● 生产地点
● 开采地点

资料：
摘自《美国国家地理杂志》的影像资料"杰出的绿色技术——纽约市终极摩天大楼"

楼层平面图
一层、四层、21层、51层
比例 1:2000

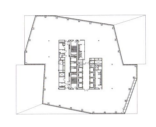

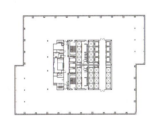

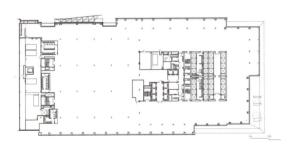

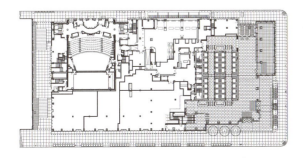

LEED认证

下栏所列出的详单是针对或预期初步认证的单项结果。

对布莱恩公园一号的认证过程在很大程度上以LEED-CS 2.0版本为基础。建筑师正在根据LEED标准对核心筒和外壳进行改进。

LEED计分标准（核心筒和壳体，2.0版本）

总分：**51/61**
（合格：24~28，银奖：29~34，金奖：35~44，白金奖：45~61）

（项目所得分数/单项满分）

场地的可持续性（11/15）

控制土壤流失与沉积（先决条件），场地选择(1/1)，开发密度(1/1)，棕地再开发，(1/1)，可供选择的交通(2/4)，场地开发(1/2)，雨水管理(2/2)，降低热岛效应，(2/2)，减少光污染(0/1)，外聘设计&建设方针(1/1)

节水（5/5）

节水景观(2/2)，创新型废水处理技术(1/1)，减少用水量(2/2)

能源和环境（13/14）

基础试运行（先决条件），最低能耗（先决条件），暖通空调和制冷设备的氟利昂减少量（先决条件），最佳能耗性能（争取获得满分8/8），可再生能源，1%(0/1)，增强试运行(1/1)，臭氧消耗(1/1)，测量与认证(2/2)，绿色能源(1/1)

材料与资源（6/11）

回收物品的储藏和收集（先决条件），建筑的再利用(0/3)，建筑垃圾管理(2/2)，资源再利用，指定1%(0/1)，回收物质含量(2/2)，当地/区域材料(1/1)，认证木材(1/2)

室内环境质量 （11/11）

最低室内空气品质（先决条件），环境中的香烟烟雾（ETS）控制(先决条件)，二氧化碳（CO_2）监控(1/1)，增强的通风效能(1/1)，建造过程中的建筑室内空气质量管理规划(1/1)，低挥发材料，综合得分(3/3)，系统的可控制性，热舒适度(1/1)，室内化学物质和污染物，来源控制(1/1)，热舒适度，按照ASHRAE（美国采暖、制冷与空调工程师学会）55-2004标准执行(1/1)，采光与观景视角(2/2)

创新与设计（5/5）

设计中的创新(4/4)，获LEED认证的专业人员(1/1)

通过技术实现可持续性

蒸发散热

空气输送系统

局部详图

大厦热能
及热水

大厦电能

发电系统

空气调节系统

能量的产出

一座气动式4.6MW热电站（热电联产机组）位于大厦基座结构的最高层（七层），它所产生的能量为用电高峰需求的1/3，相当于大厦年需求量近70%的电能。在设计热电站的空间结构时，结构的特殊限制和隔声装置也被考虑在内。

同依赖于公共电网相比，本地产能可以取得巨大收益，一方面是因为这种方式能避免传输能量时发生的电缆损耗，通常节省7%～8%的电量。但是，这并非是电站与用户距离较近的真正优势。在传统的美国燃煤电站，有近2/3的能量还没得到利用就通过烟囱跑掉了。随着布莱恩公园一号现代化热电联产机组的建成，燃气涡轮机中排出的废气所产生的大量热能得到开发利用，从而实现了更高的效率。该机组被用于为吸收式制冷机的运作提供蒸汽，从而实现为大厦提供空气调节的作用。除此之外，这些热能也可提供供暖所需热水以及满足其他常规使用。在美国，发电所产生的废热迄今为止仅用于工业开发项目，而在其他建筑类型中却不常见。相比之下，在德国以"热电联产"为名的这种方法作为法律规定已近十年，且应用相当普遍。由于产生了内部负荷，为供暖而提供热水的做法就几乎没有必要了。沿大厦立面设置的带有底层地板对流式暖房器的窄条为极其寒冷的天气提供了足够的热能储备。

能量产生的经济与生态潜力并不仅仅在于对天然气——对环境的污染相对较少的燃料——的有效利用，还在于在短时间内达到能量利用的最优化。热电联产机组每天运行24小时。在夜晚的非用电高

大厦的能量与通风系统示意图

外部空气	A 95%微粒空气过滤器
过滤后的外部空气	B 每层楼的空气处理设备
调节后的空气	C 燃气涡轮机＋发电机
废气	D 热回收蒸汽锅炉
冷冻水循环	E 吸收式制冷机
冷凝水循环	F 变压器
乙二醇循环	G 制冰机
电源	H 制冷机＋热交换器
天然气	I 蓄热系统
热能	J 冷却塔

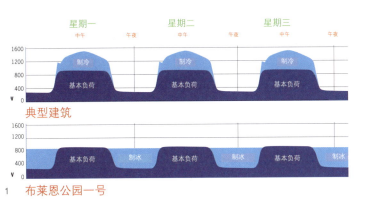

星期一　　　　　星期二　　　　　星期三
中午　午夜　　　中午　午夜　　　中午　午夜

制冷

基本负荷

典型建筑

基本负荷　制冰　基本负荷　制冰　基本负荷　制冰

1　**布莱恩公园一号**

环境概念

使用回收材料
运输距离最小化
本地产能，使用天然气
热电联产机组（热能与电能）
用冰做冷却贮存材料的创新型冷却概念
广泛收集与利用雨水
减少用水
具有良好采光条件与新鲜空气地面进气通风系统
的高品质办公区

峰时段，热电站使用这种成本较低的电能进行冷却。每天晚上，热电站利用聚乙二醇生产227 000kg的冰，并将其储存在44个大蓄水罐中。白天，这些冷却后的水注入到每层楼的空调装置中。大厦还安装了备用独立式可开关冷却机，以防止备用冰块耗尽。

在LEED认证的一系列标准中，有效能源产出所需的巨大技术成本也被列入其中：仅对能源效益的最优化就有八处评分点。

通风

这座大厦所需的全部新鲜空气均来自天花板，并经过过滤。相关的洞口及设备则隐藏于大厦顶端的玻璃幕墙后面。引入的新鲜空气经由一个大型中央通风井输送到每层楼的空调设备中。在空调设备中，这些空气由泵从地下室中抽出的水进行冷却，并通过双层地板结构传送至办公室。

通风系统中的新鲜空气经过地面进气口时无需风扇，此类做法在美国不太常见。这种通风系统不光节省电能，而且能够耐受更高的温度，因此不需要过多的冷却。由于有了过滤过程以及低速气流，由灰尘和细菌的传播导致的潜在问题减少了。布莱恩公园一号是美国第一座配置这种结构形式（新鲜空气地面进气系统）的商业办公建筑。

洗手间及电梯中的污浊空气通过吊顶排出。使甲方引以为傲的是，这座大厦充当了曼哈顿中心区一台巨大的空气过滤器，因为大厦所排出的空气比其吸入的空气更加清洁。

1　夜晚产出的冰平衡了白天的用电高峰需求

2　地下室机械设备间的高效电动涡轮制冷机

3　带有聚乙二醇的蓄水罐，用于冰的生产与储存

4　穿过带通风组件的办公楼层横剖面图（比例不详）

2

3

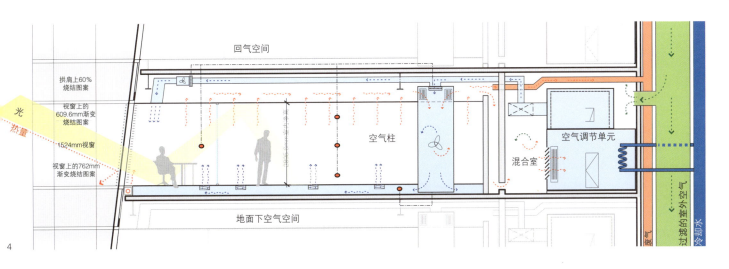

回气空间

拱肩上60%烧结图案

视窗上的609.6mm渐变烧结图案

1524mm视窗

视窗上的762mm渐变烧结图案

光

热量

空气柱

空气调节单元

混合室

地面下空气空间

废气　过滤的室外空气　冷却水

4

5

水生态学

最低程度消耗水资源，并且收集、再利用雨水是LEED认证的更高标准。因此这些成为此项目可持续性理念中的一个重要部分。大厦裙楼平屋顶上的拓展型植被可用于收集雨水，并阻止过多的热量吸收——在纽约的"戈壁"夏季时光，这种做法尤为重要。

这些区域以及大厦脚下较小的屋顶平台保证了即使倾盆大雨袭击大厦斜立面，雨水也不会排放在城市排水系统中。雨水一落到大厦顶层的平台即注入不同水平高度的四个中水水箱中，这种设计极具价值。以这种方法得到的自极高处落下的势能并没有被浪费，雨水的再次利用无需使用水泵。最高层的水箱首先被注满，其次是低于它的水箱，以此类推。剩余的雨水流入大厦地下室的主水箱中，位于曼哈顿中心区最深处。在这里，经过过滤后的地下水、雨水、较小水箱中溢出的水、盥洗池用过的水以及通风设备中的凝结水都混合在一起。这种混合水可供冷却和抽水马桶之用。只有盥洗池使用的是当地供应的淡水。尽管需要大量的节能措施，但安装无水便池这种相对简单的决策在整体上会最有效节约水资源。这座大厦每年的节水量约4亿升，大约是同等规模建筑用水量的一半，这表明大厦节约了50万美元的成本。

立面

相对于几个街区之遥的纽约时报大厦的多层立面结构，美国银行大厦具有单层外表面。而对于在外表面上安装日光屏或

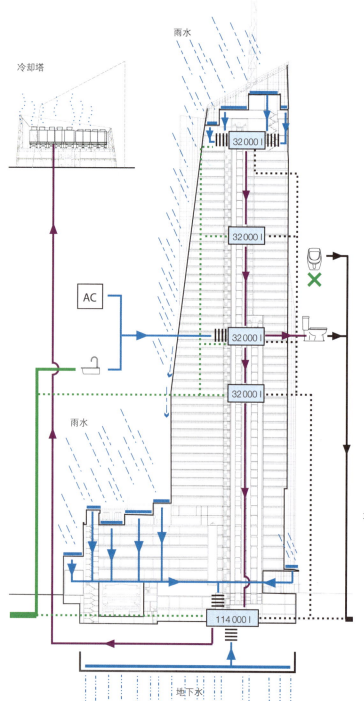

大厦内与水有关的生态系统示意图

——— 未经处理的水源水循环路线	# 雨水收集箱（标有容量刻度）
——— 生活用水	≡ 过滤器
······ 补充生活用水循环路线（在缺水情况下）	盥洗池
——— 处理后的中水	马桶
——— 废水	无水便池
······ 溢出废水	AC 暖通空调系统的冷却冷凝盘管

6

玻璃窗数据：
2×6.5mm钢化玻璃＋13mm空腔（无气体）
外玻璃窗内表面的低辐射镀膜
栏杆区域玻璃上的陶瓷点阵网格
太阳得热系数：0.39
立面窗框高度：2.90m

是双层立面结构的建议，均由于会占用大量空间而在计划最初阶段即被否决。整个立面都采用无色玻璃，这是因为其具有中性色及良好的透光率。双层玻璃窗的低辐射镀膜为大厦提供了所需的日光屏。楼板上的带状陶瓷印刷图案确保了更少的热量吸收，同时也为立面上精确的网格划分增添了柔和的印象。

办公区品质

从用户的角度看，落地窗不仅可以使他们俯瞰纽约的美景，也保证了办公区绝佳的自然采光条件。办公区的环境通过设计独特的2.90m室内净高得到进一步改善。（相比之下，这座城市的标准室内净高大约为2.50m。）较大的垂直尺度和架空地板结构意味着整个楼层的高度达到4.42m。因而，大厦的楼层数量依其高度比预想的要少。

空间的宽敞感不仅体现在垂直空间上，也体现在楼层布局上。为了给更多的员工创造良好的采光条件，或至少使其能看到外面的世界，办公室的后壁都采用玻璃建造。除此之外，每间办公室都可以单独调节通风系统以获得舒适的环境，目前这也是纽约的一个独特之处。

这种舒适、空间以及采光的融合，使得布莱恩公园一号的美国银行大厦办公区成为这座城市最具吸引力的地方之一。建造商不仅是为了给员工提供理想的工作条件，并使之具有积极的工作态度，也是为了获得梦寐以求的LEED白金认证。

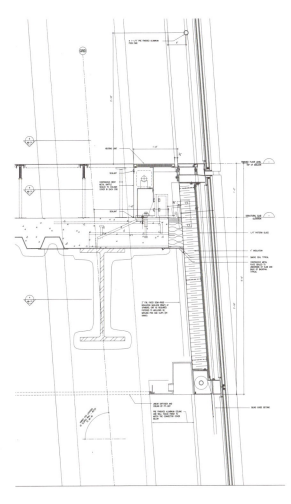

7

8

9

Marché 国际资助办公大楼

瑞士的零能耗建筑

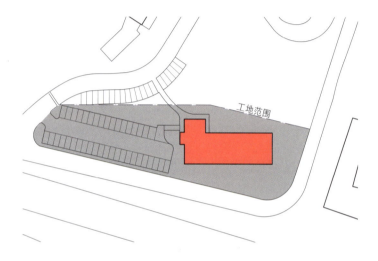

Marché 国际是一家在欧洲多个国家经营高速公路餐厅的餐饮企业。生态性与简单化是该公司注重的两大重要形象因素。因此，其办公大楼的建设也要体现这一点，尽量减少给周围环境带来的负担，尽可能将能源的消耗降到最低，同时还要提供高品质、健康的工作环境。该公司对可持续性建筑的全面理解可以从其简单而质朴的新办公大楼中得到诠释。新大楼所在位置距离温特图尔南部约5km，与Kemptthal地区的Marché高速公路服务区毗邻。因此，工作人员与公司所经营餐厅之一的日常运作有直接关系。该项目具有明显的位置优势，但同时由于其终日处于高速公路和空中运输的噪音之中，因而深受其扰。Beat Kämpfen工作室受托设计规划方案，并要从一开始就对各个要素进行分配，这些要素包括可持续性、生态平衡和能源消耗，这与功能、场所质量及设计同等重要。在经过仅仅12个月的规划和建造期后，Marché国际资助办公大楼于2007年竣工。这是一个简单的立方体木结构建筑，屋顶平缓倾斜。

这座办公大楼地处一个狭长地带，与周围的道路没有任何关联，单凭这一点就能看出，这里与城市的连接处于从属地位。整栋建筑面朝正南，这纯粹出于采光的考虑。细长的形式显示出了最大的紧凑感——即尽量减少立面面积，以避免热传导带来的热损失——这仅仅是在节能建造过程中的一个可能策略。Marché国际资助办公大楼是瑞士第一座零能耗平衡的办公建筑，被授予Minergie-P生态证，这是瑞士最严格的标准。事实上，这座办公大楼显然已经超越了这一标准，但目前对零能耗建筑的认证仍然缺乏必要的法律基础。

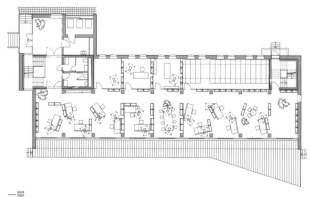

一层

建筑师：Beat Kämpfen, Office for Architecture, Zurich
结构工程师（木结构）：AG für Holzbauplanung, Rothenthurm
施工工程师：
Gerd Groier, Wetzikon
能源工程师：
Naef Energietechnik, Zurich
建筑物理和声学：
Amstein & Walthert AG, Zurich
电气工程师：
Enerpeak Engineering AG, Zurich
卫生规划：
Gerber Haustechnik, Schwerzenbach

总平面图
比例 1:1500
楼层平面图
比例 1:500

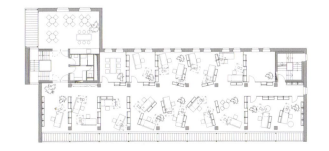

二层

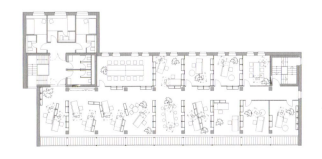

三层

获取和节约能源

带薄膜电池的光电板

80/40/8mm角钢上的
120/40mm落叶松扶手

40/40mm落叶松条格栅

100/220mm木梁

垂直遮阳帘
2×80/15mm扁钢

桩基础：
Ø250mm填充混凝土的混凝土管

混凝土地基

穿过南立面的剖面图
比例 1:25

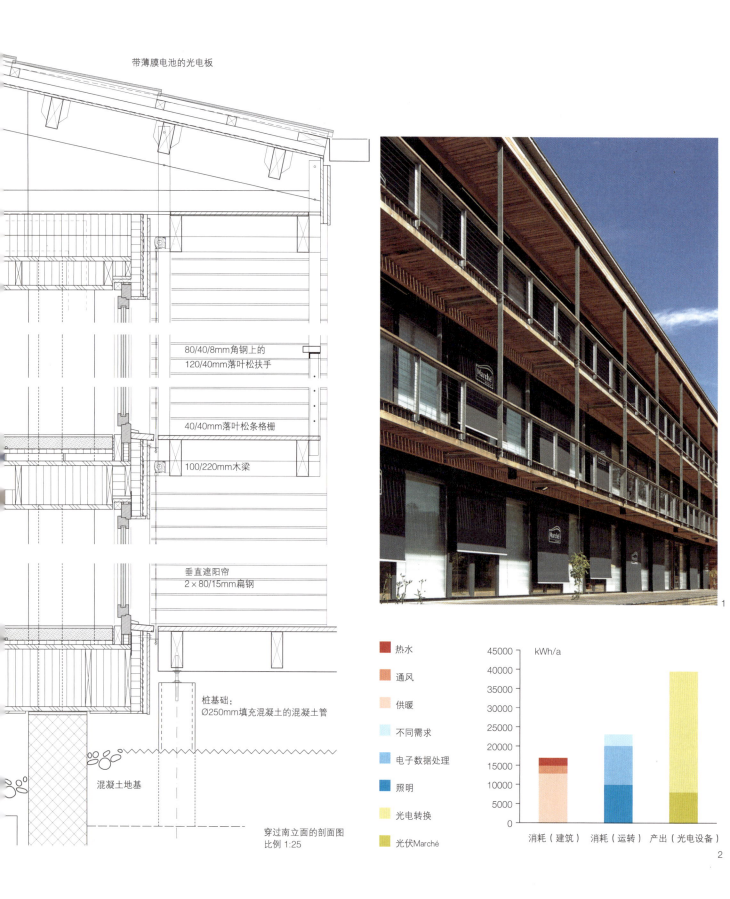

1

热水
通风
供暖
不同需求
电子数据处理
照明
光电转换
光伏Marché

	45000	kWh/a
	40000	
	35000	
	30000	
	25000	
	20000	
	15000	
	10000	
	5000	
	0	

消耗（建筑）　消耗（运转）　产出（光电设备）

2

1　南立面
2　能量产出/消耗图
3　屋顶边缘的太阳能
　　光电板
4　太阳能利用示意图
5　北立面局部

3

节能理念概述：
南向、细长的建筑体量
全玻璃南立面
南立面的阳台提供了遮阳设施
相变材料构件和蓄热体
完全被光电设备覆盖的斜屋顶
与电网连接
热回收通风装置
带地热转换设备的地热供暖
高度保温而气密的北立面

被动太阳能产出的最大化

南部表面的全面开放，不但确保了办公区域的良好采光，同时还使员工们欣赏到很多建筑以外的景色。该立面是由一个4m高的栅格进行的常规连接，每个隔间都有一扇与房间高度相同的玻璃门。这样，员工们就有足够大的空间，能够轻易到达外部的悬挑阳台，这远比出于窗户保洁目的而留出的简单通道更具价值。这些阳台不仅能够遮阳，也能在夏日太阳倾斜角度较高时对建筑内部加以保护。此外，卷帘的设计避免了阳光直射，还能避免太阳倾斜角度较低时带来的眩光。透明的玻璃区域之间是用半透明GlassX玻璃构件制成的隔断，即使在所有的卷帘都放下的情况下，这种半透明的玻璃也能将漫射光引入建筑内部。这些相对罕见的用盐水混合物——一种所谓的相变材料（PCM）——填充的玻璃板能储存太阳的热量并随后将其释放到室内。这样，它们就再现了蓄热体的效果，当然，这是木结构建筑无法实现的。

进一步的措施还包括在地板底部加碎屑，增加重量，从而加大蓄热能力并提高建筑的防撞击声隔声功效。

南立面能够将热能导入整个建筑中（取决于一年中所处时期以及天气条件），而向南倾斜12°的屋顶则全部由太阳能光电板覆盖，它发挥着发电机的功用。无烟煤色太阳能电池组件形成了如鳞片状的表面，使使砖或金属板的覆盖变得多余。尽管试图将光电构件融入建筑外观的做法往往会造成夸大的印象，但该建筑采取的措施具有很高的设计品质。这不仅适用于办公大楼的整体外观——尽管微微闪烁的屋顶表面大部分都进入不了人们的视

线——同样也适用于屋顶边缘细部的仔细衔接。所选的薄膜太阳能电池——由First Solar公司生产——被嵌入两片玻璃板之间，作为嵌入式连接的模块。

整个装置的生产力为44 600Wp，表明了其年预计发电能力为4万千瓦时。这涵盖了整个建筑运转技术以及办公操作所需的全部能量（图2）。也就是说，如果将总能量需求按年均来算，该建筑称得上是一座真正的零能耗建筑。设备与电力供应网相连，这样由于所处时期和天气条件造成的容量盈余和不足就能相互平衡。为了确保对设备的优化控制，太阳能电力设备由苏黎世州电厂（EKZ）进行操控运作并出资建造。Marché 国际从EKZ采购回1/4的电能，其余的则通过太阳能能量交换加以出售，这表明零能耗平衡不是一座独栋建筑的特色。它只有通过与原有的网络连接才能实现。

最大限度地减少能量损失

这种杰出的能耗平衡关键在于尽可能不消耗已获得的能量。因此，该建筑的另外三个立面的表面都是高度保温且经过仔细密封处理的。这些墙体具有34cm的保温层，整体厚度为45cm，上面设有洞口。鉴于这些洞口的尺寸相对较小，能够看到周围树木的树冠，因而有点像画框式的窗户。它们的常规布局以及沉静的水平云杉立面板条使建筑给人一种和谐而内敛的印象。

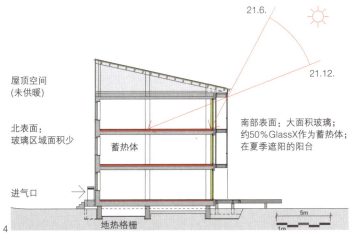

屋顶空间
(未供暖)

北表面：
玻璃区域面积少

进气口

蓄热体

南部表面：大面积玻璃；
约50%GlassX作为蓄热体；
在夏季遮阳的阳台

21.6.

21.12.

5m

1m

4

地热格栅

5

穿过北立面的水平剖面
比例 1:25

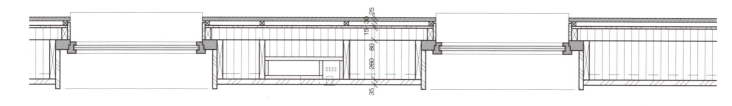

结构

整个木结构按照一种预制镶板系统的形式制造，这不仅仅意味着施工时间的大大减少，而且也保证了气密性外层结构施工所要求的精确性。单个墙板的最大尺寸是4m×12m，它们由一个多轮轴矮平板拖车运至场地。镶板包括3.5cm三层层压板承重层、34cm玻璃棉保温层和1.5cm盖板，上边固定着后部透气的木板。楼板由带24cm矿棉保温层的箱形结构构成，顶层还有一个5cm盖板作为撞击声隔声层，也可作为额外的蓄热体。地热管道铺设在7.5cm砂浆层下。两个现浇混凝土楼梯核心筒与木结构分离开来，避免了声音传递的问题。从生态层面上考虑，建筑师最后还是决定不修建地下室。

室内气候理念

被吸入的新鲜空气通过安全梯旁的一个地板洞口，并经由设在建筑物下方条形地基之间的简单的纵向混凝土管道输送。这些空气先在地热格栅中进行轻微的预热或预冷，然后通过卫生间和办公室之间的通风管道送达主楼梯上面的设备中心。通过建在北立面和南侧柱形结构中的通风管道，空气从接近楼板的高度被吹进办公室。污浊空气则再次经由建筑中间的柱结构被吸出去，并通过黑色入口立方体的立面释放出去。室内气候理念由一台热力泵和在两个180m深的钻孔中进行的地热传输过程得以完善。该系统可以实现地热采暖，也可以在夏季用来降温。

穿过南立面的水平剖面
比例 1:25

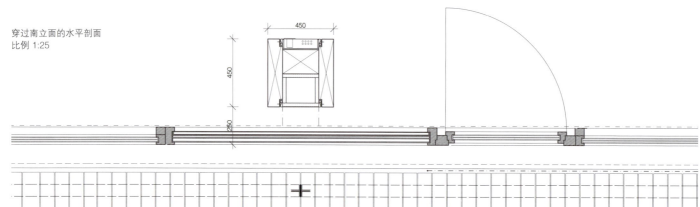

建筑生命周期分析是由巴斯勒＆霍夫曼工程与规划事务所的亚历克斯·普莱姆斯（Alex Primas）主持进行的。分析结果与每年每平方米的能源荷载有关，分数以生态指标99为评价方法，以分数为计量单位。为了方便阅读和理解，数值都乘以1000。

环境危害程度最小的建筑过程

这一工程使用的所有产品都由就地取材的原材料制成，如没有经过化学加工的本地产天然软木。保温层80%由废玻璃制成；再生混凝土被用来建设地基和楼梯。（骨料由拆除旧建筑物的碎混凝土构成。）使用再生材料和可回收材料意味着只需要大约1/3的灰色能源就能建成一座与用传统建设形式建成的相类似的建筑。

生命周期分析

为了证明环境荷载和能量消耗的实际减少量，研究人员对建筑生命周期进行了分析，将Marché国际与按照瑞士标准建成的传统建筑进行对比。这次分析采用了生态指标方法，结果表明了这座新建筑只需使用传统建筑1/3左右的能源。分析将整个资源流程都考虑在内，从材料生产到建筑过程，再到设想的50年生命周期的总能源消耗，包括拆毁和处理（图6）。此外还进行了二氧化碳当量的估算，结果表明这种新的建筑形式还能把有害的二氧化碳排放量降低60%左右。特别引人注目的是，建筑极大地降低了运营能源。从办公大楼生命周期中各阶段的比较（图7）中可以看出，在施工阶段环境压力降低了近50%。唯一一个消耗稍多的阶段就是翻新阶段，这是因为需要维修木板和太阳能设备。

生态指标99 整个生命周期年度结果	新Marché国际 资助办公大楼	SIA标准参考 建筑
单个建筑构件所占比例		
地基，地下室	28	83
楼板	199	602
地面以上墙壁	98	228
屋顶	88	90
门窗	89	103
内部墙壁和门	25	20
通风系统	240	317
供暖系统	124	36
热水系统	5	5
太阳能收集器、光电设备	152	0
运输	24	31
供暖、热水	26	810
设备用电	31	52
电器用电	-47	212
替代计算： 建筑材料比例（图6）		
运营能源	10	1074
机械设备	520	357
其他材料	379	265
保温材料	75	40
实体材料	96	852
替代计算： 生命周期内各阶段所占比例（图7）		
运营	10	1074
翻新	411	324
施工	659	1190
总荷载		
整个建筑	1080	2588

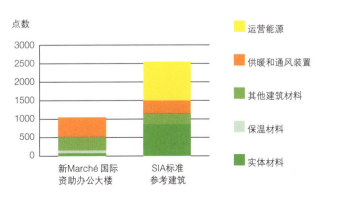

6　建筑材料比例

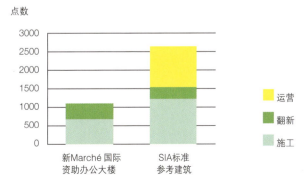

7　生命周期内各阶段所占比例

简洁的工作场所

甲方和建筑师的设计核心目标之一就是为50名左右的员工提供有益于健康的工作场所和令人愉快的氛围，并且与Marché公司的声誉相符。因此，需要建造一座生态可持续性办公楼，同时具有简单、灵活的基础结构。对这一设计要求的回应可从这座朝阳建筑物有意识的定向中看出端倪：一条中央通道将办公室楼层划分为阳光普照的南侧开放区域和北侧由若干较小单元连接而成的狭长区域，楼梯间和各种特别功能区也都位于北侧。

材料

往楼梯间，带有红色薄涂层的裸露混凝土墙体首先映入访问者的眼帘。室内空间的饰面简单而自然，有着舒适的表面温度。建筑师并没有选用过于细致的覆层形式，而是用天然表面的承重胶合板布满整个墙体和天花。地面铺的是20mm厚的深色木纤维水泥板。它们比木材使用寿命要长，而且能更好地吸收脚步引起的噪音。柱子中的管道被裸露的钢板围合。生态经济与严谨的设计和技术相结合，如此一来，将这些在最传统的行政管理建筑物中根本见不到的材料应用变成了现实。

简单的家具陈设是特别为这座建筑而设计的，由山毛榉板材工业加工而成。家具的高度适中，而且保持一致，对室内空间的开放氛围极为有利。噪音等级原本经常干扰到在开放办公区域工作的人们，将狭缝钢板安装在家具的背面、并在其后装上一层5cm的岩棉板后就减少了这种干扰。此外，在天花板上的方形吸声板表面覆盖一层反光的织物。

室内微气候

在每一楼层最引人注目的要数所谓的"绿墙"了，这是一块12m²的垂直水栽园地。这种墙不仅是让人备感轻松的自然设计元素，也起到了调节室内微气候的作用。在泥炭垫的上方种植植被，用泵浇灌。多余的湿气就散发到室内，被室内未经处理的木结构吸收，在较为干燥的条件下会再次释放。在冬天雾气重的时期和夏天，地热转换系统能让气温维持在一个舒适的范围内。

带有热回收功能的通风设备全天开放，利用CO_2传感器对其进行逐层控制。这确保了办公室的空气质量能保持高标准，即使在为了阻挡高速公路和附近机场的噪音而关窗时也是如此。这种空调系统还允许单独开窗。经过证实，透过夹有盐水混合物的玻璃立面板投射到室内的温暖阳光，特别适合在电脑屏幕前工作的人。员工对新空间的接受度非常高，他们在此之前一直很习惯在双人办公室中工作。开放设计的区域通常不是很受欢迎，但在这里却因为温暖的气氛和理想的声学环境而被迅速接纳。

结果表明，应用于这座办公大楼设计手法中的简洁不仅是一种考虑到环境和能源应用的可持续性策略，而且也有助于使新建筑更具经济的竞争力。因此，建筑实现了每立方米625瑞士法郎的平均造价，包括太阳能设备和设计费用（依据瑞士标准SIA 416）。换言之，它的花费只不过等同于一栋传统的商业建筑。

穿过绿墙的剖面
比例 1:20

A　水箱
B　支撑构造
C　植被下方的40/60cm三层板

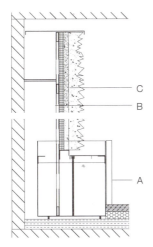

绿墙构造：
不锈钢支撑结构/40cm×60cm种植板，预先栽植14~18周左右；
三层板：聚苯乙烯基板；合成生长培养基，由充分变硬的苯酚树脂泡沫构成；植被层/由art aqua schweiz gmbh & Hydroplant AG公司制造

穿过楼层的横截面
图解通风/电气系统
(比例不详)

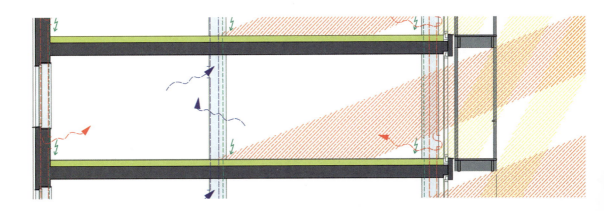

卢森堡欧洲投资银行

可持续经济管理的建筑典范

欧洲投资银行（EIB）坐落在卢森堡，成立于1958年，是当时的欧共体银行。今天，它已经成为世界最大的公共贷款机构之一。它将环境可持续性作为"优先核心"，目的是为了促进世界各国尤其是欧盟各成员国之间的一体化进程、均衡发展以及经济和社会凝聚力。目前的扩建项目紧邻位于康拉德阿登纳大道的欧洲投资银行总部大楼，于2008年夏破土动工。它的初衷不仅仅是为了创建可容纳750名工作人员的工作空间，还要发挥其在建筑领域的典范作用。

高环境标准、高能源效率以及对自然资源的合理处置成为自2002年开始的设计竞赛的明确目标。最终，十个多学科设计团队应邀参加了将会真正实施的方案的设计竞赛。与其他获奖者提出的不规则建筑形式不同，克里斯托夫·英恩霍文、维尔纳·索贝克以及HL技术公司提出了一个紧凑型体量模式，其形式就是将一个管状玻璃构件嵌入到平缓倾斜的项目基地之中。在这个巨大的玻璃外壳下，六至九层高的办公区域（取决于地形）蜿蜒曲折，通过桥梁连接起来，北侧也有一条连接线路。

建筑北侧俯视着Val des Bons Malades森林。在这一侧，办公区域之间的V字形空间形成了不供暖的冬季花园，其弯曲的立面一直延伸至地面。相比之下，朝南的办公区域之间形成的三角形空间则被设计成无柱式"公共"中庭，这里拥有适宜的温度控制以及垂直的双层立面。这一侧有主要及次要入口区域以及通往既有建筑和食堂的通道。

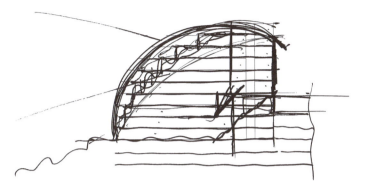

建筑师：Ingenhoven Architects, Düsseldorf; Christoph Ingenhoven
结构工程师、屋顶和缆索立面：Werner Sobek Engineers, Stuttgart
立面规划及建筑物理：DS Plan, Stuttgart
技术设施和机械设备：HL-Technik, Munich (design)/IC-Consult, Frankfurt a.M./ pbe-Beljuli, Pulheim S&E Consult, Luxembourg

这种设计的中心理念就是将建筑物的外表皮与内部立面分离开来。就生态概念而言，它有两个重要的优点。首先，无论是非供暖中庭，还是供暖中庭，都能发挥隔热罩的功能，控制室内气候。例如，开放式翻板使新鲜空气得以在这些空间有序流通，这样即使在冬天，办公室的窗户也可以向中庭敞开，从而确保了自然通风。其次，由于内壁承担着抵御天气直接影响的责任，因而可以设置大面积的木质立面和窗体。这不仅具有增加人们幸福感的意义，同时也有助于实现原本必需的减少初级能源使用的目标——例如，与标准铝立面的使用相比。

为了评估其整个生命周期内的生态品质，这座新建筑成为根据建筑研究所环境评估法（BREEAM）在欧洲大陆评估的第一个对象。之所以选择进行这个认证，是因为这座建筑在2005年被联合国经合组织确定为欧洲同类型建筑中最具综合性的建筑。

信用评估体系采用了大约80种标准对其进行评估。这些标准范围较广，从水和能源消耗，一直到建筑对员工的健康和幸福感的影响，甚至包括建筑材料在运输过程中对环境的污染。以设计数据为基础，新的欧洲投资银行大楼被划为"良好"等级。设计的实施也通过定期的现场会议得到检验监督。

2009年3月，通过对更多的分项条目进行评分，这座建筑最终被授予"优秀"等级。

楼层平面图
剖面图
比例 1:1250

办公立面
立面·剖面图
比例 1:50

1 主入口
2 侧门
3 门厅
4 会议区

5 "寒冷"冬季花园
6 "温暖"中庭
7 办公区域
8 交流区
9 既有建筑
10 可开启窗户
11 阳台
12 遮阳设备
13 可选择的眩光防
护设施
14 感应器
15 混凝土板
16 假楼板

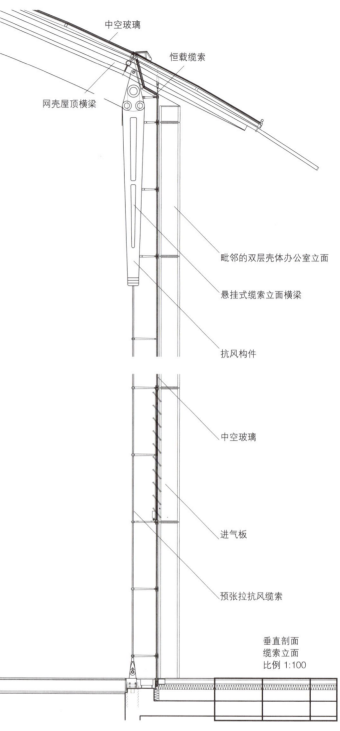

中空玻璃
恒载缆索
网壳屋顶横梁
毗邻的双层壳体办公室立面
悬挂式缆索立面横梁
抗风构件
中空玻璃
进气板
预张拉抗风缆索

垂直剖面
缆索立面
比例 1:100

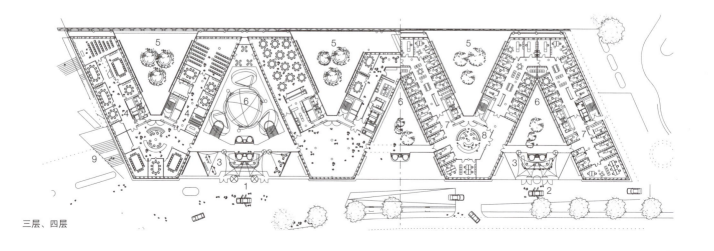

三层、四层

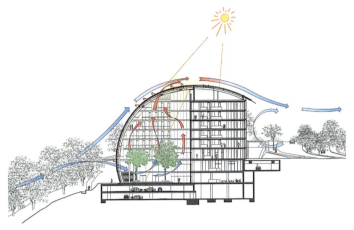

环境理念：
中庭作为气候缓冲区
从污浊空气中回收热量
承重结构的热活化作用
将办公通常照度降低为300lx
使用经过FSC或PEFC认证的木材
办公室和大厅的能源需求——供暖：
29kWh/am²、制冷21kWh/am²、电力
21kWh/am²

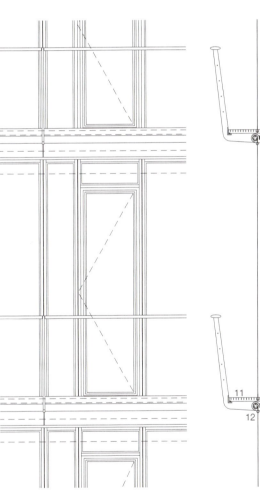

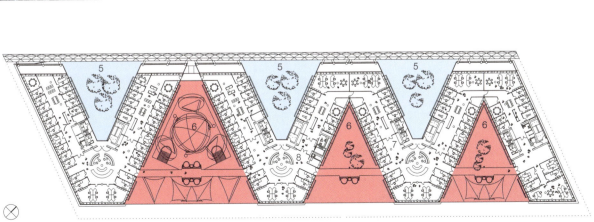

六层

中庭的室内气候理念

Herwig Barf / Ralf Buchholz, DS Plan

1　温暖的空气通过垂直的百叶窗流出。屋顶下方的外部空间用于燃气通风。
2　在夏季，北部中庭通过自然通风进行空气温度调节。
3　在一个寒冷的冬日，不同区域内的温度
4　能够实现照明及室内温度的单独控制。每天都要通过从中央控制台对这些设备进行多次检查，并在必要时加以调整，以达到最有效的水平。
5　门厅下方的入口大厅
6　夏季，朝南中庭中的最高气温
7　夏季，自然通风的南部中庭中的风速

在建造位于卢森堡的欧洲投资银行大楼的封闭表皮时，中庭内部的木质立面以及弯曲的拱形屋顶是其中最重要的建筑形式。建筑北面玻璃表皮内的冬季花园被设计成一个非供暖空间，内部气温即使在冬天也不会低于零下5℃。相反，沿着南立面的中庭则包含供暖区域，条件舒适，人们可以在其中停留较长时间。因此，这里的空间可以被用作永久工作场地。

中庭屋顶和立面设计理念的最初前提，是建立在建筑物的供暖和制冷理念的实施基础上，尽可能在能源消耗方面做到节约。蜿蜒的办公区域中的工作空间外部的缓冲区，不仅优化了封闭表皮与空间体量之间的关系，也有利于实现全年单个窗口的通风，同时也防止了因使用者将窗户长时间开放而导致冬季室内过冷等操作不当情况的发生。

每年较冷的几个月内，从办公区域流出的热空气都会带来另一种次要影响，导致中庭温度的略微上升。如果使用者没有通过庭院一侧为他们的房间进行通风，办公室废气中的热能就会通过一个高效热回收设备得到回收，并传回基本的机械通风系统中。

建造中庭区域

由于外部中庭空间的存在，办公区域享受着高度的热保护，这就使建筑构件可以发生热活化作用，并且——就其适宜的温度水平来说——有利于实现能源的有效利用。

尽管没有预先设计北向冬季花园主动的供暖和制冷形式，但在南部中庭的地板下方安装了供暖/制冷系统，为永久使用创造了空间。这样，愉悦的工作条件在各个楼层都得到了保证，接待和等候等区域的布局规划也因此得以进行。

为了避免南部中庭的外表面温度降低，在中庭整个高度上的立面外，与立面平行地安装了特别定向的辐射表层。这些构件都结合在横跨办公区域之间宽阔的中庭外表面的桥梁中。它们使得立面上的长波热辐射交换成为可能。这样就避免了任何温度下降的风险。同时，该系统也是进一步控制中庭温度的手段，能够有针对性地将热能分配到最重要的点——尤其是分配到长期有人使用的区域和通道（即连接桥梁）。

玻璃屋顶技术

这个气候建筑表皮的很大一部分是由布满三角构件的拱形玻璃屋顶构成的。因此，这是一个具有高度保温性的设计，是一个配有双层中空玻璃的预制铝结构。南向中庭上方的水平屋顶区域的玻璃上面铺有精挑细选的、中性颜色的光照控制膜。三分之一的屋顶和立面区域都设有电动翻板。这些电动翻板作为空气流通体系的一部分，能够帮助去除烟雾以及污浊空气。同时，它们还能让非供暖的北部冬季花园空间以及供暖的南向中庭全年都能进行自然通风。

在寒冷的季节，自然通风通过在很短的时间间隔内进行快速通风实现，这样，在短短的几分钟内，空气的质量就得到了彻底的改善。在一年中温暖的几个月里，电动翻板可以大面积打开，

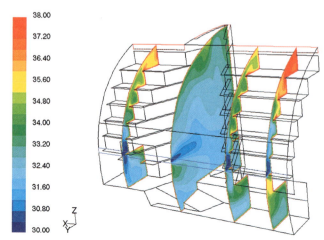

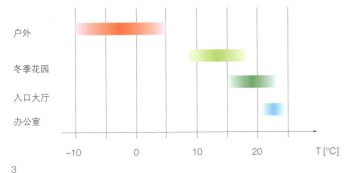

户外

冬季花园

入口大厅

办公室

-10　0　10　20　T [℃]

3

DS Plan工程公司负责立面技术、能源管理和建筑物理。Herwig Barf 是立面技术部的小组负责人。Ralf Bucholz是建筑物理和建筑生态部的负责人。

以去除过剩的日光荷载，避免过热情况的发生。电动翻板的开放时间长短以及开放区域都是根据季节变化进行调节的，充分考虑了内部和外部的温度以及风速。

屋顶区域的几何形式反映了散热要求，因为它使夏季有可能在靠近屋顶的工作区域内形成的热气团在导致室内过热前能够从这里流出。为了避免产生任何不舒服的感觉，立面上的通风翻板的布置方式很特别，在交通流线区域以及人们静坐的空间，能够有效控制过大的风速。

综合气流模拟

采用温度控制方法的必要领域以及所有相关数据的制定，都是建立在综合气流模拟的基础上，并使用了一个虚拟的三维中庭模型。因此，能够在设计的早期阶段验证供暖理念以及舒适标准的安全功效。这样，设计者们就能向客户展示中庭中各种结构品质与空间气候的关系，以及所需的能源——例如，是使用单层玻璃好，还是使用隔热中空玻璃好？是使用低辐射玻璃呢，还是使用内部遮阳帆布？

最终，设计者们选出了一个最佳的解决方案：中庭屋顶和立面采用了热优化的玻璃表皮。这样就保证了最大化的透明度和日光利用，从而即使在最低层的办公区域也能保证较多的自然光摄入。这样一个巨大的玻璃建筑自然会引发参观者的某些遐想。这些都是在没有损失任何内部品质或能源效率的情况下实现的。

4

5

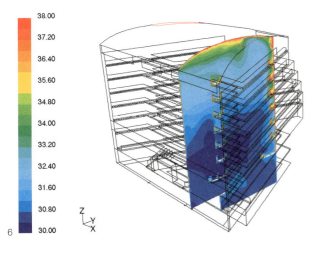

6

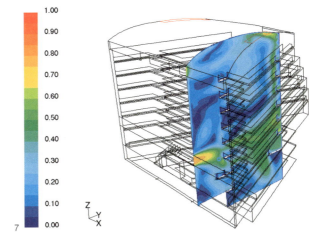

7

光、空气和水的自然能源潜能

Thilo Ebert

利用外表皮的可用自然资源成为欧洲投资银行新大楼建设工程的核心。尤其是光、空气、风、水和阳光等自然能源的潜能已被纳入整体活力理念当中。

该建筑可以手动开启或关闭中庭或外部的窗子，在一年中的大多数时候（约占常规使用期的75％）实现自然通风（图2）。在夏季，清除大厅中的多余热量这项工作是通过建筑立面的大型翻板实现的，这些翻板可以根据建筑内部和外部的温度自动开启和关闭。机械性空气供应仅计划在内部区域实行，并且是在夏季和冬季室外温度较高或较低的时期。这保证了全年的热舒适性，也降低了换气时的能量需求。同时，这种理念也可以在冬季和夏季应用，废气中的热量及冷气可以进行高效的回收利用。

空间理念

由于技术设备都被尽可能地安装在架空地板的功能区内，因此建筑中的蓄热介质（如混凝土天花板）无需附加其他覆盖物或装置。在夏季，裸露的混凝土天花板在夜间通过一个管状装置实现降温，从而为建筑提供基本的空气调节功能。外部空气的制冷潜能——通过冷却塔为建筑提供制冷，无须使用任何其他的机械制冷产品——是夜间制冷源。在卢森堡，只有在很少的几个高温的夜晚才有必要采用机械制冷设备，该设备在白天为中央通风和空调系统储存冷水，从而活化混凝土蓄热介质。立面外部的遮阳设施在夏季有效地减少了制冷需求。

通过单个可更新组件实现对房间的调节

最高制冷荷载是通过非驱动地面感应装置来加以释放的，这些装置通过模块化集成，隐设在双层楼板结构中，每隔一个办公轴线就装有一个。这就保证了夏季的高舒适度，室内最高温度保持在25℃至26℃之间。在冬季，办公室的供暖也是通过这些地面感应装置实现的，装置里面蓄满了暖水。新鲜空气通过架空地板内的一个通道流入到感应装置中——除了加热和制冷功能，装置也能排出地板内的废气（图1）。

公司高层管理者对设计师们的另一个要求就是能灵活地处理空调系统，可以对个别部件进行模块化改造，而同时不必中断装置的运行，从而将夏季室内温度保持在24℃。因此，设计师对地面感应装置进行了尺寸设计，最初的安排是每隔一个轴线安装一个，这样就能达到预期最高室温25℃至26℃。空置轴线的改装能够满足更高的要求，可以在夏季将室温控制在24℃。最后，客户决定在施工第一阶段就使用可更新组件。

室温及日光调节

单独调节让用户能够立即改善他（她）的周围环境。用户可以设定某些区域的温度，并对遮阳加以调节。即使在封闭状态下，日光转向系统也能保证立面区域的自然采光，从而大大降低照明的能源需求。办公区域的整体照明亮度为300lx，再打开单独的照明灯具就可以增强亮度。只要房间不再使用，感应器就会将灯关掉，在光线充足时，自动照明管理系统也能减少部分人工光源的使用。

能源供应理念

整座建筑的热量供应都是市供热站提供的。在夏季，多余的

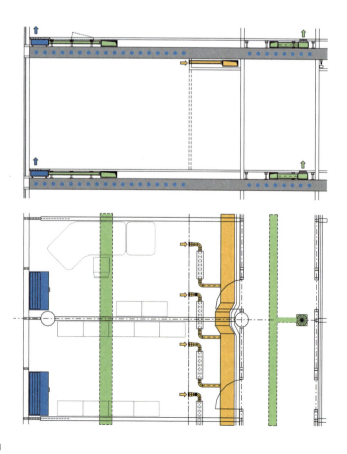

HL-Technik AG公司负责该建筑的技术理念开发以及技术设备规划工作。时任HL-Technik AG公司项目经理的Thilo Ebert如今已成为慕尼黑Ebert-Consulting Group GmbH & Co. KG的首席执行官。

热量被用来给除湿蒸发冷却系统（DEC）空气调节设备间的外部空气降温。这种DEC系统是一种空气调节热冷却过程，通过蒸发冷却与除湿相结合产生冷气。外部的夜间冷却潜力被直接用于冷却蓄热介质，这是通过冷却塔的自由制冷方式实现的。计算机中心、信息室、其他技术区域以及配备空调装置的会议区和厨房，都是通过制冷设备来提供冷却能量。如果外部温度足够低，外面的冷空气就可以被用于技术空间的间接制冷，从而进一步减少机械制冷所需的电能（图3）。

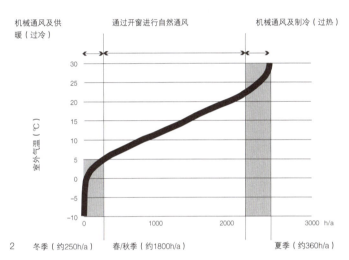

机械通风及供暖（过冷）　　通过开窗进行自然通风　　机械通风及制冷（过热）

室外气温（℃）

2　冬季（约250h/a）　　春/秋季（约1800h/a）　　夏季（约360h/a）

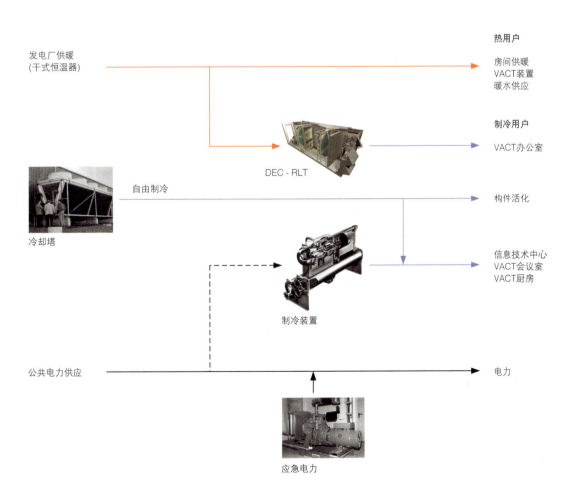

发电厂供暖
(干式恒温器)

热用户
房间供暖
VACT装置
暖水供应

制冷用户
VACT办公室

DEC - RLT

冷却塔

自由制冷

构件活化

信息技术中心
VACT会议室
VACT厨房

制冷装置

公共电力供应

电力

应急电力

BREEAM（建筑研究所环境评估法）的认证之路

Christoph Ingenhoven

虽然我们事务所因环保建筑方法而为公众所知，但位于卢森堡的欧洲投资银行大楼还是我们计划进行正式认证的第一座建筑。我们之所以选择BREEAM（建筑研究所环境评估法）来进行认证，就是因为它虽然是一种欧洲的认证方法，但却得到了世界公认，自1991年成功实施以来，它就被经合组织（OECD）视为衡量建筑物生命周期内环保性能的最佳体系。因此，它是用于支持环境可持续进程的最成功的方案之一。

在建造欧洲投资银行大楼时，我们与来自英国和卢森堡的专家伙伴一起，以一种合理明智的方式，协调了BREEAM规定的标准与东道国的标准，并将这些标准坚持不懈地应用到整个项目中，从初步设计阶段一直到最后的竣工审查（PCR）。我们所有设计方案的一个重要目标就是提高用户的幸福感——例如，提供可开启的窗子，一览花园和庭院的景色，创建一个增加交流的空间，营造一种灵活而透明的工作环境。缓冲区域的微气候是我们的基本关注点之一，也是我们整体理念的一个有机组成部分，这些缓冲区就是不同类型的冷热中庭，中庭带有双层立面，主要通过空气的自然进出通风，混凝土地面蓄热介质具有活化作用。BREEAM认证体系对我们全套理念的认可，不仅是我们建筑师的殊荣，也是我们的客户以及规划伙伴们的荣耀，是给予我们这个劳动密集型方法的大力支持。2005年，我们的设计被评为"非常好"等级。2009年3月，在该建筑投入使用后，进行了重新评估，竣工审查报告被升级为"优秀"等级。评估等级的上升是通过一系列措施实现的，这些举措包括建筑控制的优化、节能系统的应用、推崇公共交通的倡议，同时，还对二氧化碳排放量进行了重新评估。

对我们来说，BREEAM评估标准以及类似体系的标准是一种鼓励，就其本身来讲也不是一种标准的终结，下面这个例子就是佐证。在这座新建筑中，我们没有为那些骑自行车上班的雇员们提供淋浴，因为附近的既有建筑中已经配备了这样的设施。在我们看来，为了获得评估中的一分，就在这方面重复建造，因而占用了空间，这既不环保，也不合理。

在全世界范围内，人们都在创建一种进一步的认证体系，试图建立一个更具可比性的基础以及客观标准，从而对环保建筑形式进行评判。在这种情况下，我们希望设计师们也会深受鼓舞，对自己的设计进行全新评估。这尤其适用于德国的建筑师们，尽管他们被公认为环境友好型建筑方面的领军人物，但他们还是不习惯在这样一种自愿认证体系下进行日常工作。

克里斯托夫·英恩霍文自1985年以来就领导着英恩霍文建筑师事务所的杜塞尔多夫办事处。除了他的理念工作之外，他还是陪审团成员和专家，参加了多个竞赛过程，并在世界各地巡讲。

BREEAM

早在1990年，英国就引入了BRE（建筑研究所）的质量认证体系，称为BREEAM（建筑研究所环境评估法）。现在，接受该体系认证的对象已达10万左右，因此它不仅可以被称为是最古老的认证体系之一，也是在可持续建筑的质量认证方面分布最广泛的体系之一。最初，认证对象只包括办公场所和住宅楼宇，但今天，许多新的或重建的建筑类型——从学校到工业楼宇再到监狱——也有了标准化的评估目录。那些不能被划归到任何一类特殊标准目录项下的特殊建筑都是按照"定制"类别来加以评估的。

评估工作由持有执照的评估员按照一套简单的分数体系进行。评估时，要考虑八项评估类别，然后得出总分，等级分为及格、好、非常好或优秀。基本上这是对建设全过程进行的监测，从规划阶段到建设阶段，一直到竣工为止。2008年，BREEAM进行了全面的修订，在个别标准的衡量方面进行了修改，对新标准进行了调整，如二氧化碳排放量，还加入了"杰出"这一评分等级（得分率在85％以上）。

迄今为止最高得分率为87.5％。与此同时，质量认证在英国已经牢牢确立，自2003年以来，政府权威部门，如政府商务办公室，已经开始要求新建筑物至少要达到"优秀"等级。

2005年，欧洲投资银行大楼是欧洲大陆第一座接受BREEAM评估的建筑，是按照"BREEAM办公建筑"标准进行评估的。还有意识地加入了一些额外的评估标准，以适应卢森堡当地的条件。自那时起，世界各地的建筑都接受了BREEAM认证。

当然，这些评估方法中的每一种都包含令人质疑的标准或准则，因为任何一个环保项目都要考虑某些"软"因素，如建筑物的物尽其用以及使用者的健康问题——而这些因素几乎都无法通过科学的手段进行评估。然而，这并不意味着，诸如BREEAM这样的认证体系不是评价环保建筑形式的合适平台。相反，我们相信，随着时间的推移，像BREEAM这样的评估体系中使用的标准也会更加完善并日益精确。此外，我们认为，这些标准可以通过我们这些建筑师的努力得到逐步提升（当然，也需要新技术的辅助），最终会在建筑艺术中达到一个全新的水平——这样一个新标准不仅无可非议，也是人们认可的优秀建筑的基础。

BREEAM认证
结论：报告摘要

该建筑评估体系的每一部分都规定了具体的环境要求，而建筑物的级别评定就取决于该建筑达到了其中的多少项要求及其相关的环境重要性。总的评级结果是由每个目录标题项下得到的评分，再乘以环境保护权重因子得到的。

* 可评分数一栏表明，对于建筑物内的不同房间功能有不同的要求，而这些评分项目可能还没有涵盖所有的适用领域。

类别	评级 百分比	BREEAM评分标准 （达到的分值/可评分数的最大值）
管理	100%	调试责任（1/1），调试条款（1/1），季节性调试（1/1），建筑用户指南（1/1），建筑影响管理（6/6）
健康与幸福感	72%	冷却塔（1/1），DHW-军团病（1/1），防潮（0/1），可开启窗户（1*/1*），内部空气污染（0/1），通风率（1/1），日光（0/1*），眩光（1/1*），高频照明（1/1），电动照明设计（1*/1*），照明区（1*/1*），照明控制（1/1*），外部视野（1/1*），热分区（1*/1*），热模型（1/1），内部噪声水平（1*/1*），回声次数（0/1*）
能源	95%	主要能源使用的分类计量（1/1），区域的分类计量（1/1），U值（3/3），透气率（2/3），内部照明控制（1/1*），供暖控制（1/1），设备控制（1/1），内部灯具（1/1），外部灯具（1/1），供暖系统的碳浓度（3/3），热回收（1/1），具体的风机功率（1/1），变频调速器（1/1），热电联产/可再生能源计划可行性研究（1/1）
运输	90%	公共交通的邻近与供应（5/5），员工最大停车场容量（0/1），访客最大停车场容量（1/1），员工自行车设施（1/1），旅行审计/调查（1/1），员工旅行计划（1/1）
水	57%	耗水量（2/3），水表（1/1），电源泄漏检测（0/1），卫生电源切断（0/1），灌溉系统（1/1）
材料	38%	结构的再利用（0/1），立面的再利用（0/1），骨料的循环使用（0/1），材料的内在影响（0/4），外界硬表面内在影响（0/1），地面饰面（0/2*），内墙（1/1），石棉（1/1），耐久性（1/1），木材（2/2），可回收存储（1/1），堆肥（1/1*）
土地利用与生态	58%	土地的再利用（0/1），受污染土地的使用（1/1），低生态价值土地（0/1），由于开发导致的生态价值的变化（4/5），增强生态建议（1/1），生态特点的保护（0/1），生物多样性的长期影响（1/1），表土再利用（0/1）
污染	42%	臭氧消耗潜能值为零的制冷剂——（臭氧消耗潜能）（1/1），具有全球变暖潜能的制冷剂——小于5（1/1），制冷剂泄漏检测（1/1），制冷剂回收系统（1/1），保温材料臭氧消耗潜能和全球变暖潜能（0/1），加热源的氮氧化物排放（0/4），河道污染（1/1），水径流（0/1），能源零排放（0/1），制冷剂臭氧消耗潜能/冷藏设备（1/1*），制冷剂全球变暖潜能/冷藏设备（0/1*），保温材料臭氧消耗潜能和全球变暖潜能/冷藏外壳（0/1*）

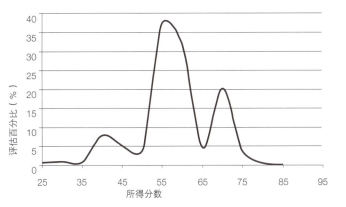

说明目前评级边界的BREEAM分数分布

	0%	25%	40%	55%	70%	100%
	未分类	及格	好	非常好	优秀	

所达等级	70.76%=优秀

类别	分项得分	权重因子	加权评分
管理	100.00%	15%	15.00%
健康与幸福感	72.05%	15%	10.81%
能源和运输	93.33%	25%	23.33%
水	57.14%	5%	2.86%
材料	37.77%	10%	3.78%
土地利用与生态	58.33%	15%	8.75%
污染	41.60%	15%	6.24%
			70.76%

材料的可持续性应用

——生命周期中的灰色能源

Martin Zeumer, Viola John, Joost Hartwig

材料的应用方式在所有的可持续性领域中都发挥着作用：在保护切身环境和全球环境方面；在它们被整合到社会空间过程的方式方面；以及在它们的经济应用方面。在一座建筑的生命周期中，这些方面在不同程度上表现着自我。没有一种材料或物质本身是可持续的。规划者应用材料的方式决定着这些材料在其生命周期内是否能发挥可持续性的功效。此外，制造商通过材料的性能或其产品的本质来决定如何详细地评估它们的可持续性。因此，制造商和规划者的行为之间存在着联系。如LEED（能源与环境设计先锋）或德国可持续性建筑质量认证（DGNB）的可持续性评估体系在这方面或多或少地提供了一些精确依据；而且在中期，这也许有助于催生一种公认的规划方法。然而，目前规划团队多少都有自己的一些方法，用以评估可持续性材料选择方面的潜在策略（图1）。这要求熟知材料生命周期内经历的每一个过程。灰色能源（产品的生产、运输、储存、销售以及处置方面所需的能源总量）消耗在三个阶段——建造、运行和拆毁。今天，消耗在现有结构中的灰色能源总量相当于这些建筑物运行20年左右所需的能源。[1] 随着能源的不断翻新，新建筑也正源源不断地添加到现有建筑储量中，灰色能源在建造及拆毁阶段中的重要性也将缓慢攀升——最终，它在创能建筑的能源投资比例将达到100％。

灰色能源的建筑相关优化

涉及可持续性的材料相关过程，可通过着眼于灰色能源得到简化。由于在建筑上的经济和能源投资有着类似的线性模式[2]，因而可以通过优化的能源平衡对全球生态问题和经济问题同时进行探讨，这种能源平衡的基础就是可持续性的三要素：经济、生态和社会。

最初的线性方法可以从建筑手段的"减少"这个现象中看出，在我们所处的世界中，运转能源方面的要求与灰色能源的操作要求部分对应。在设计目标为以下几个方面时，这也许会产生某些优势：

- 高密度建筑
- 压实程度高
- 施工效率高
- 挖掘量减少

由此产生的选材方面的优势超过了类似规划形式的50％，

因而对总体建筑环境产生了巨大影响。[3] 能源消耗也会因此早在城市规划阶段或在确定工程基本参数时就受到影响。

个别建筑元素的灰色能源优化

一说到灰色能源，人们可以列举出四个建筑细节，并为其构想出不同的优化方法。

- 结构

在一座新建筑中，从灰色能源角度来讲，建筑的主要结构就是能源最密集元素。建筑结构投入使用的初始能源大体上与其重量相对应。在其他限制条件（如隔声）允许的情况下应首选轻型建筑形式。

- 立面

建筑立面在建造过程中消耗的灰色能源往往很高，在成本中所占的比例也较大。尤其是透明组件，就其所处区域来说属于耗能最多的元素（图3）。因此，它们的设计往往要考虑一些附加功能，如提高日光或太阳能利用率。就克服天气因素的影响来说，对立面的要求更高，从而导致对材料的限制也更大。这些都可以通过适当的建筑形式克服。简单的屋顶和立面形式减少了接头处细部处理的成本，它们通常也要比平面元素投入更多的灰色能源。[4] 同样，优化材料厚度和减少建筑重量等方式可减少幕墙立面中金属支撑构造的支出。通过建筑形式来保护立面，这不仅令立面的耐用性增强，也减少了部件生命周期内所使用的灰色能源。另一方面，在保温材料方面的能源投资通常在很短的时间内就能收回成本。因此，就能源而言，无论实际选择了哪种材料，保温材料都对建筑的生命周期具有正面影响。

- 功能表面

经过严重磨损、反复清洗和频繁更换，建筑物内的功能表面从灰色能源角度来说，与立面同等重要（图3）。最初，可以通过减少施工经费节约灰色能源。如以平面形式直接安装或应用的拱腹，其初始能源要明显低于悬吊拱腹。[5]

特别是地面饰面，卓越的耐用性随着整个生命周期的运转降低了初始能源含量。高档表面通常极耐磨损。如石子路就非常耐用，初始能量含量也很低，同时它们的清洁费用也相对较低（图4）。

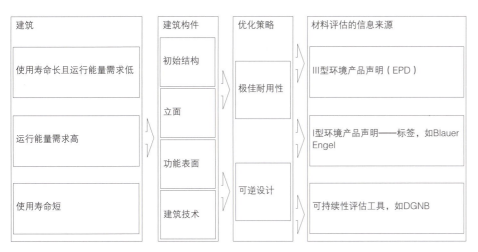

建筑		建筑构件	优化策略	材料评估的信息来源
使用寿命长且运行能量需求低		初始结构	极佳耐用性	Ⅲ型环境产品声明（EPD）
运行能量需求高		立面		Ⅰ型环境产品声明——标签，如Blauer Engel
使用寿命短		功能表面	可逆设计	可持续性评估工具，如DGNB
		建筑技术		

1　优化建筑物及建筑物局部的灰色能源含量的方法
2　巴塞尔康复中心的木立面；
　　建筑师：赫尔佐格&德梅隆建筑事务所

• 设备和技术

在所有的建筑元素中，就灰色能源而言，对技术设备的估计最为不足。新建筑所涉及的初始能源低于10%，但技术部件使用寿命往往都相对较短。[6] 在其生命周期中，成本上升会使人感觉这是技术水平提高的结果。技术（如信息技术）发展速度预示着未来更大的更换频率（图5）。规划者至少可以通过为技术部件设计一个可逆方案来为其他的建筑元素提供保障。

关于使用方面的建筑能源优化

第二种线性方法，即能源优化，是基于灰色能源与运行能源之间的关系。这在很大程度上取决于空间的预计功能及舒适度要求，还取决于能源设备的技术内涵（图5）。运行中投入的能源越多、使用时需要的能源设备越多，则其他阶段在整个系统内的重要性就越低。从常规的规划任务开始，涌现了三种不同的建筑

类型，每一种类型都在优化灰色能源方面有着不同的侧重点。

• 高运行能源需求的建筑

就能源消耗方面来说，建筑物的建造及拆毁阶段的消耗只占建筑物生命周期内相对较小的支出。相反，在材料方面的运行能源投资则更为重要。鉴于此，减少表面的护理及维护方面的投资则起着重要的作用。明确界定的清洁循环区域减少了进入建筑的灰尘量。像镶木地板或石材地板这样的表面，与地毯或富于质感和弹性的地板饰面相比，更易于维护，同时也减少了清洁方面的投入。此外，将技术设备整合到建筑中的方法还实现了对空间的优化。在这里，建筑师通过确保通畅地进入技术系统及简化系统的更换过程，促进了建筑物的长久保存。此外，也可以通过细化技术元素，将其作为建筑中的最高层或开放层，或通过提供便于进入的通风井和建筑物内清洁的检查口来延长建筑物的使用寿命（图7）。

• 存续期长且运行能源需求低的建筑物

在长期使用的建筑中（常见于住宅与特殊位置的办公建筑），与建筑部件配合使用的能源的重要性与日俱增。从图5中可以明显看出，当前随着节能这一趋势的推进，住宅的突出地位将会进一步增强。

在这里，灰色能源的减少是通过同时考虑建筑部件的初始能源含量及其使用寿命来实现的。与那些在生产阶段需要低能源投入的材料相比，耐用材料往往更具生态价值，但同时也需要更频繁的更新（图8）。

• 存续期短的建筑物

存续期短的建筑物或装置的初始能源含量通常是可以优化的，无需特别考虑其耐用性。这些存续期短的建筑包括临时建筑、交易会建筑和商店装备，还有进行短期生产或办公用建筑。在这种情况下，随之而来的构件的更新也应予以考虑。

一般来说，各种不同建筑部件的使用寿命及耐用性，对其生命周期内的初始能源含量具有重要影响。目前为止，关于建筑物的可持续性研究通常主要基于这些部件的高耐用性。但是，高耐用性并不是每一个建筑任务的必达目标。事实上，它会在房间或建筑使用的灵活性方面产生消极影响，因为部件的更换过程并不总是由于材料缺陷而引发的。通常情况下，技术、安全、美学原

3 建筑物的初始能源含量
　一级优化：建筑表皮的透明建筑构件的最小
　化（在红色虚线控制区内）
　二级优化：耐用功能表面（在红色实线控制
　区内）
4 灰色能源和耐用性的关系，以不同的地面饰
　面为例
5 根据用途计算的建筑物的能源消耗
6 建筑物的不同区域的投资（灰色）及生命周
　期成本（黑色）

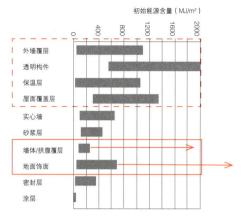

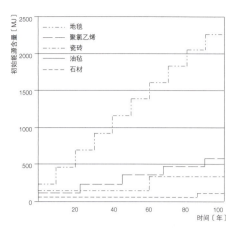

3

4

因或法规变化也会导致部件的更新，而且这些因素中很多都不在规划者的控制范围之内。然而，建筑师通过各种举措，还是能够引领潮流，并创造变革的需要。建筑的评估是与时代和时代精神密切相关的。

• 如果要建造存续期短的建筑，一个新潮、现代的设计明显会吸引人们的眼球。在这种情况下，低耐用性材料似乎更适合创新型应用，并形成大胆的理念（图9）。大规模的平面构造无需各个较小可选区域之间的衔接，就会形成随空间而定的独特设计方案。在这种情况下，高耐用性材料几乎无法得到充分利用，因此应尽量避免使用。

• 如果要利用建筑部件的长久使用寿命，人们应该清楚过于时尚或新潮的外观设计很容易导致建筑构件在它们的技术寿命结束之前过早被更换——对"视觉疲劳"做出反应。另一方面，明确、定性的建筑宣言可以长期享有极大的敬意。只有永恒的设计才能使非常耐用的建筑构件发挥全部功效。

材料领域的可持续性计划辅助

从可持续性角度看，材料的评估是一个全新的工作领域，全世界对其重视程度差异极大。某种程度上对材料的评估还没有进行全面的研究。以下是几个相关的要素（图10）：

• 初始能源含量（可再生/不可再生）

• 全球变暖潜能值（GWP 100）

• 若相关，其他的排放量，如臭氧降解潜能值（ODP）或酸化潜能值（AP）

• 已建空间排放量的减少

• 材料性能

• 耐用性

生态平衡数据

为评估初始能源含量、全球变暖潜力及世界范围内的环境影响，规划者要根据掌握的数据来起草生态平衡规划（基于ISO 14040）。现今，人们已经掌握了大量的数据来源，其他的数据来源也正在筹备当中。最全面的免费访问数据库是由德国联邦交通、建设与城市规划部（BMVBS）在互联网上提供的（Ökobau.dat），且没有链接到任何特定商品。数据库大约有800份与国家公共设施相结合的记录以及对单一货源进行的连贯调查，这使我们能够对材料进行详细研究。此外，所涉及构件的耐用性方面也有全面的数据可查。

瑞士KBOB/ecobau/IPBÖkobilanzdaten im Baubereich 2009/1也提供了少许记录（约200项）。经过Bauteil-katalog.ch的应用和处理，这些数据有助于形成极为简单而有效的应用方法。在奥地利，建筑生物学及建筑生态学研究所（IBO）提供了大约500份记录和一种计算方法。

EPD-Ⅲ型

目前正在拟订的一系列关于生态平衡方面的制造商相关数据，简称EPD（环境产品声明），是在ISO 14025的基础上得出的。EPD-Ⅲ型也称为"Ⅲ型环境产品声明"，这些数据使研究者可以在整个欧盟地区对不同厂商的数据进行比较。检测工作由一个独立的第三方执行，从而确保了数据质量的可靠性，由德国建筑与环境研究所发布结论。迄今为止，虽然只有少数的记录可用，但可用数据在未来必定会稳步增长。

符合EPD-I型的标签

I型环境产品声明（ISO 14024）使得像Euro Blume这样的标签得以在国际范围内提供特定产品质量的证明，尤其是在建筑生物学领域。这些标签在选择产品时能够提供快捷、可靠的帮助，特别适用于建筑室内使用的材料，如地毯等那些可能会对环

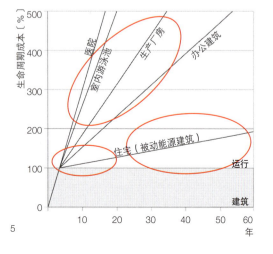

5

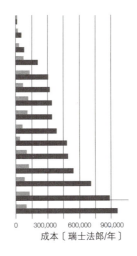

建筑设计
外墙（下层结构）
内墙（骨架）
地板、楼梯
种植区
底衬
外墙、地面＋上层楼面
屋顶
供暖设备
通风设备
墙面覆盖层
分区、室内门
地面饰面
窗户、室外门
水装置（＋排水）

0　　300,000　　600,000　　900,000

6　　　　　　　　　　　　　成本〔瑞士法郎/年〕

境产生较大威胁的领域。然而，不同认证机构测试的项目差距很大，这在评估时应当加以考虑。

可持续性认证体系

　　这两种产品声明都可以在可持续性评估及可持续性认证体系中找到踪影。如美国的LEED体系就在其目标中引用了回收配额，并规定了建筑部件中有害物质的最大含量。此外，它主张使用经过森林管理委员会（FSC）认证的木材。但是，作为"第一代"认证体系，LEED是在一个相对杂乱无章的基础上挑选出可持续性建筑的可评估项目的。

　　瑞士SIA 112/1"可持续性建筑推荐体系"所采用的方法更全面，也更一致，该体系包含在"Diagnosesystem Nachhaltige Gebäudequalität"（可持续性建筑质量评估体系）中，可以在即将出版的*Energy Manual*一书中找到。该体系在规划阶段更简单适用。

　　德国可持续性建筑质量认证（DGNB）列出的与材料合理使用相关的因素数目最多。如在该体系中，即使是用于清洗和维修的经费支出，以及不同类型建筑的功能灵活性，都被加以考虑并进行了比较。

　　其他信息可参考联邦德国政府推行的"Datensammlung Dauerhaftigkeit"数据收集和IBO提供的材料。

　　材料的评估仍然是一个相对年轻的领域，希望在未来能够取得重大进展。呼吁制造商进一步降低产品中初始能源含量及有害物质，并支持规划者恰当地使用材料。建筑师也有责任将其需求信息传达给制造商，继而转达给客户。最后，他们也面临着一项挑战：在一个由房东导向型向房客导向型慢慢转变的市场上，只有那些因可持续性品质而显得与众不同（包括恰当使用材料）的建筑才能够长期站稳脚跟。

7　办公空间策略：容易清洁的表面；从办公桌到拱腹的媒体管道成为占主导地位的设计元素——如有必要，可简便更换
建筑师：
Ippolito Fleitz Group

8　生活空间策略：高品质、耐用的表面；如有必要，小面积区域之间可被独立更换
建筑师：
Kawai Architects

9　商店空间策略：潮流化的内部饰面；该装置可作为单个元素进行更换，不会损害整体框架结构
建筑师：
Fabio Novembre

10 免费建材网络信息平台例举

[1] DETAIL Energie Atlas, p. 160, Munich 2007
[2] DETAIL Energie Atlas, p. 25
[3] Hanruedi Preisig, Massiv- oder Leichtbauweise?, Zurich 2002
[4] Research project "Comparative values for sustainability of building materials and building component layers", FGee, 2005, supported by the EU
[5] DETAIL Energie Atlas, p. 265
[6] Cf. DETAIL Energie Atlas, p. 162, diagram B5.55

Martin Zeumer，硕士工程师。达姆施塔特理工大学设计与节能建筑领域助理研究员。著有DETAIL Energy Atlas、Basics Materialität，也是Baustoff Atlas的专家作者。
Viola John，硕士工程师。苏黎世联邦理工学院建筑规划与建筑运行学院可持续性建筑系助理研究员、博士生。
Joost Hartwig，硕士工程师。达姆施塔特理工大学设计与节能建筑系助理研究员，也是HHS Architekten und Planer AG的自由撰稿人。

数据库名称	数据库类型	适用领域
WECOBIS——生态型建筑材料信息系统 www.wecobis.de	·建筑材料在生命周期内的信息收集 ·根据所处生命周期阶段对建筑材料进行审查 ·独立于制造商的数据收集 ·非常全面 ·几乎没有"助航设备" ·对部分建筑材料的明确评估	·建筑材料信息 ·产品及适用领域的初步信息 ·在相关领域具有一席之地的经验丰富的规划者
耐用性方面数据收集 http://www.nachhaltigesbauen.de/baustoff-und-gebaeudedaten/nutzungsdauern-von-bauteilen.html	·不同功能建筑部分与建筑层的耐用性 ·自从受到德国联邦当局监管，就很一致	·耐用性 ·相似用途及适用领域的产品之间的耐用性比较
Ökobau.dat www.nachhaltigesbauen.de/baustoff-und-gebaeudedaten/oekobaudat.html	·材料和建筑部件的生态平衡方面的信息收集 ·独立于制造商的数据收集 ·德国联邦当局的监管意味着数据质量、数据一致性及用户安全方面的可靠程度高 ·广泛性——目标：800条记录事项	·有关生态平衡的数据 ·材料环境影响方面的信息
建筑与环境学院 www.bau-umwelt.de	·建筑材料生态平衡方面的信息收集 ·EPD记录和PCR文件的中央收集站 ·由独立的第三方认证的制造商资料 ·因此，数据质量可靠 ·可能略不一致，因为不同的平衡来源，而且体系范围并非100%界定 ·力求非常全面——目前记录在案的EPD记录积聚	·有关生态平衡的数据 ·产品环境影响方面的信息 ·具有相似用途及适用领域的产品之间的环境影响比较
www.Bauteilkatalog.ch	·建筑部件的技术和生态价值评估	·有关生态平衡的数据 ·经过精心处理；明确的描述促进了不同构建结构的比较
建筑生物学及建筑生态学研究所（IBO） www.ibo.at/de/oekokennzahlen.htm	·建筑部件的技术和生态价值评估	·有关生态平衡的数据 ·对不同材料及构建结构之间的比较进行了明确描述的书籍及出版物

将光电材料整合在膜结构内

Jan Cremers

膜材料为创造具有高透光率的大跨度轻质建筑表皮提供了更广泛且具有吸引力的应用可能性。利用高性能膜、薄片或者类似薄膜的材料建造的各种建筑都证实了这种高科技物质的巨大潜能，它是人类所知的最古老的建筑材料之一，而使用膜材料最早的建筑形式就是帐篷。

尽管悬挂式建筑构件是体育场屋顶和机场这样的大型结构的理想构件，但至今为止还没有将光电材料整合在这些构件中的方法。SolarNext AG公司利用其PV Flexibles产品开发了一种光电技术，可以将太阳能电池直接整合到膜材料中。

这一技术的基础是将非常灵活的非结晶薄膜太阳能电池嵌入ETFE层压材料内。像来自含氟聚合物家族的ETFE薄膜和PTFE涂层玻璃纤维织物这样的耐用建筑材料在如今的日常建筑实践中都是非常好的解决方案。这些材料比PVC膜更耐用，能抗紫外线辐射，而且它们的自洁表面还能保证良好的防尘效果。

PV Flexibles产品用途广泛，如可以用在没有额外支撑结构的单层屋顶和立面上。它们还能代替气力支撑垫的上层材料。应用在这些情况下，光电构件不仅能发电，还可以提供遮阳功能，这一点通常是最基本的要求。如此便可将夏天建筑内的日晒降至最低，从而减少必要的制冷荷载和能源消耗。这种协同的效果有助于提高一体化光电设备的经济性，因而尤其重要。

应用于该背景下的薄膜技术是在瑞士纳莎泰尔大学开发的，同时瑞士VHF Technologies公司予以进一步完善，该公司还生产合成产品。这一薄膜技术是在连续卷轴式工艺中，将光电电池按照一定的层次序列整合到聚合物支承材料上，而太阳能电池最后的总厚度只有1um。使用经济的聚合物作为基底材料与使用其他替代支承材料（如玻璃或金属箔）相比具有极高的沉积速度。这反过来也会导致适宜的基底温度。如果温度不适宜，由热导致的基底材料变形将会不可避免地发生，这会成为更大的障碍。

根据Q-Cells公司的一项研究，这项技术在节省成本方面的潜能要高于其他任何一种技术。到2010年，总成本已经比类似的现代系统低70%。

PTFE膜上的PV
Flexibles产品

充气结构原型

充气结构内侧视图

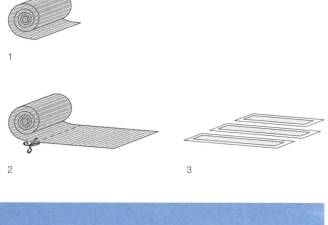

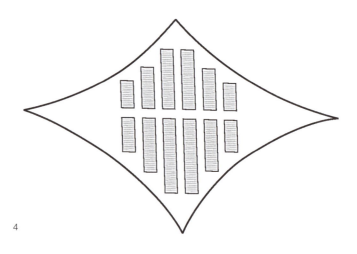

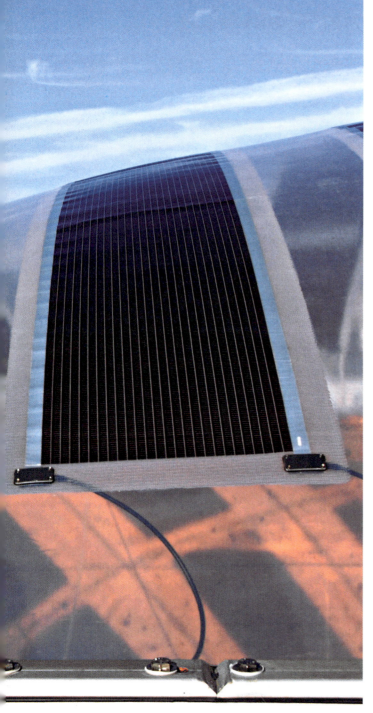

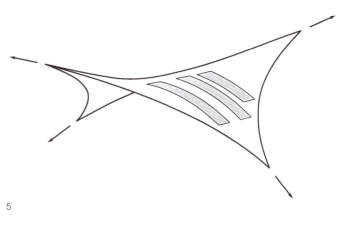

用这种方法生产的卷轴式光电材料按所需长度切割，然后根据每个项目的特定要求排列和连接在一起，形成层压材料。接着将光电膜嵌入两层厚度不同的ETFE材料之间。这个层压过程能保证光电电池有效抵抗荷载和压力，并且防潮、耐候。

目前，光电模块的尺寸仍然受可利用的层压设备尺寸（约3m×1.5m）的限制。根据光电模块是应用于屋顶还是立面，以单层结构形式出现还是作为多层膜材充气垫的一部分，可根据需要将每一块层压材料结合在一起形成更大的面积。

为了创造出相应的三维形式，材料切割后必须使用特殊的焊接工序将边缘固定在一起。只有完成焊接后，才能将PV Flexibles产品整合在大面积的充气结构内。

当然，只有光电构件作为中间层或夹在充气气垫内时，它们才被保护得最好。但是，在这种情况下，上面一层膜的光折射效果和吸热的中间层的太阳得热将导致能量产额降低。因此，很明显，将光电材料整合在气垫的外层是最好的方式。

1、2 卷材形式的光电电池
3 层压材料
4 应用于PTFE膜中的层压材料
5 带层压材料的一体化光电材料 – PTFE膜结构互反形状

6

硕士工程师兼教授 Jan Cremers 是德国基姆湖上 Rimsting 的 SolarNext AG/Hightex 集团围护结构技术部的主管。他还在斯图加特应用科学大学任教。
www.solarnext.de

收益评估

对整合在膜结构中的光电系统的产额进行评估比评估传统光电模块的产额更加复杂。

原因如下：

• 因为建筑设计各不相同，每个项目中屋顶和立面结构的几何形状也截然不同，因此每个案例的光电系统的布置也不尽相同。换句话说，允许使用或多或少统一产品的标准条件几乎是不存在的。

• 即使在同一个项目中，与太阳相关的每个光电构件的方向也不同。确定薄膜或膜材料形状——由建筑几何形状、支撑结构和所要承受荷载决定——的过程对光电系统几何形状的确定也有决定性作用。

• 通常，表面应至少是向一个方向弯曲的——最好是向两个方向弯曲（互反曲表面）——否则将不具备结构稳定性。

• 项目中出现的复杂的三维形状使评估遮阳效果更加困难。

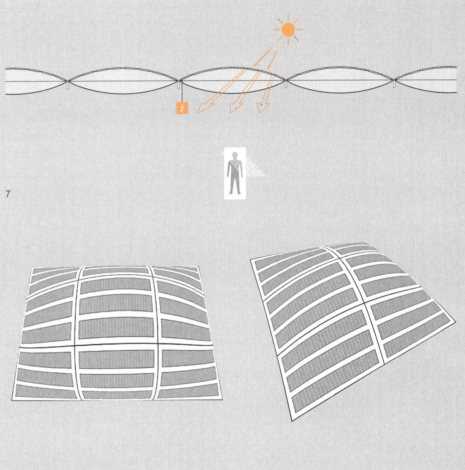

7

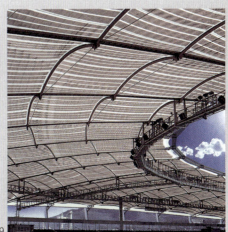

6　非晶硅薄膜电池（a-Si）层压在两层ETFE箔片之间
7　光电电池整合在充气膜结构顶层
8、9　灵活的光电结构整合在大型膜结构中（斯图加特戈特利布·戴姆勒体育场蒙太奇照片）

8

9

具有最佳保温效果的超薄真空玻璃

Dr. Helmut Weinläder, Sven Hippeli, Dr. Hans-Peter Ebert

随着节能条例越来越严格,现在带有传统双层玻璃和U_g值为1.0W/m²K的窗户已无法满足几年后的保温要求。虽然三层玻璃窗能提供足够的隔热值(如填充氪气和有两层低辐射涂层的三层玻璃窗,$U_g = 0.7W/m^2K$),但是却增加了50%的重量,整个体系厚度也增加到30~50mm。

真空中空玻璃窗是解决此问题的一个新途径。虽然从双层玻璃窗到三层玻璃窗的转变增加了保温效果,但同时也增加了体系厚度,而真空玻璃窗真正的性能改善是通过抽空玻璃板之间空腔中能导热的气体获得的。使用这种构造形式,即使是双层玻璃窗也能达到$U_g = 0.5/Wm^2K$的卓越隔热值,而体系厚度却不会超过10mm。由于重量相对较轻,因此给规划师和建筑师设计轻薄美观的玻璃立面创造了更多的机会。

当然,这种玻璃立面需要使用合适的框架结构:纤细、轻质,具有高保温特性。出于这个原因,目前有两个研究项目正在进行中,并得到了德国联邦经济与技术部(BMWi)的支持,开发真空中空玻璃(VIG 2008)的生产技术和窗框(HWFF 2008)的创新概念。最初,研究的目的是为了创造纤细的高保温窗完美体系解决方案,以适应未来的需要。

从技术上讲,生产真空中空玻璃窗要靠抽空玻璃板之间空腔中的气体,从而将压力降到300 ~ 1000Pa以下。随着空腔气体被抽空,由于外部大气压力的作用,玻璃板会受到每平方米98000IV荷载压力的作用。为了防止玻璃板被压在一起,必须

玻璃窗类型	*玻璃结构厚度、空腔宽度 / mm	U_g / (W/m²K)	g (整体能量传递值)	τV (传递值)
双层低辐射中空玻璃,氩气	4/12 – 16/#4	1.4–1.1	0.63–0.53	0.80–0.75
三层低辐射中空玻璃,氪气	4/12 – 16/#4	0.7–0.5	0.55–0.47	0.72–0.68
比较:双层真空层	4/0.7/#4	0.5	0.54	0.73

* 从外到内
低辐射中空玻璃
#低辐射图层的位置

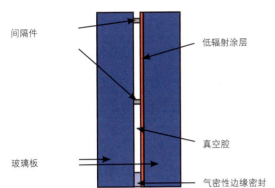

间隔件

低辐射涂层

玻璃板

真空腔

气密性边缘密封

4

Hans-Peter Ebert博士是维尔茨堡巴伐利亚应用能源研究中心（ZAE）能源技术功能性材料部的部长。
Sven Hippeli是ZAE的助理研究员。
Helmut Weinl der博士是ZAE节能建筑研究组的组长。

在仅有1mm的空腔内每隔一段相同的距离设置一个小支撑或间隔件。

在BMWi的支持下，研究与工业领域的德国合伙人最近开发了另外一种概念——对真空中空玻璃窗进行边缘固定，有了这个概念，大规模、低成本的技术生产马上就可以实现了。这个概念预见性地使用了金属箔层，金属箔层通过冷焊工艺应用在玻璃板上，可以避免破坏敏感的低辐射涂层。最后，金属箔于气密条件下在真空室内被熔接在背侧表面上。这种类型的构造可以达到0.5W/m²K的U_g值。对样品玻璃板进行的测试已证实了边缘密封的机械稳定性和气密性。在机械载荷方面，真空玻璃窗也能够抵抗与传统中空双层玻璃窗所能承受的相同的热张力。除了浮法玻璃，安全玻璃（钢化玻璃和层压安全玻璃）也可以应用这种构造方式。以后可能会出现更适合的生产技术，由此，真空中空玻璃的价格将不会高过任何一种传统的三层玻璃窗。

真空中空玻璃窗应用广泛，主要用于商业建筑和私人建筑的窗户、立面和屋面覆盖层上。其他应用领域还包括要求使用轻质、纤细、具有卓越隔热值体系的可移动环境。具有高隔热值的框架（HWFF 2008）的平行发展是对真空玻璃窗研究工作的一个合理补充。第一款模型窗户被命名为TopTherm 90，已于2008年在杜塞尔多夫国际玻璃技术博览会上展出。由于使用了新的生产方法，TopTherm 90（结构高度只有90mm）的U_f值还不到0.8W/m²K。

5

6

1、2　实际上带有不可见间隔件的真空中空玻璃
3　中空玻璃的隔热值取决于不同生产商提供的数据
4　真空中空玻璃示意图
5　镶有真空中空玻璃的TopTherm 90窗框构件；具有卓越的保温效果和结构特性，无需使用加固钢筋
6　2008年杜塞尔多夫国际玻璃技术博览会上展出的真空中空玻璃窗原型

5 产品与材料

遮阳

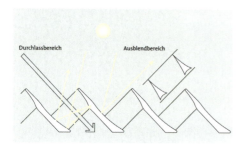

微遮阳屏的操作原理

采用微遮阳屏的玻璃屋顶

运用棱镜系统的旋转板条

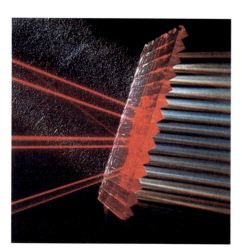

利用棱镜表面进行的光线控制

传统的遮阳防渗系统或纺织材料的弊端在于，太阳辐射强度一增加，房间就会逐渐变暗，以致在辐射强度最大时不得不经常使用人工照明。这不仅从节能角度来讲是令人无法接受的，而且对人体健康以及感知心理也会产生不良影响。日光系统提供了遮阳保护，同时也保证了内部光线的充足以及高质量。它们具有各向异性传播的特点，因而无论是需要阻挡光线还是允许光线通过的区域，都能适用。会造成不必要的房间变暖的直射光被反射掉，同时，光强度的减弱也减少了眩光。但同时，低能量的漫射光被引入了建筑物的深处并保证了照度的统一。这种西特科系统根据它们使用材料的不同可以分为两个产品系列。

微遮阳屏是一种反射系统，充分利用了曲面的特性优势。特殊形状的横向和纵向薄板构件通过纯铝的反射，分别形成了阻挡光线和传输光线的区域。这些遮阳屏被插入应对天气变化和防止污染的中空玻璃板之间，因而无需维护。从光学角度看，这些遮阳屏具有精细的网状开放结构，从而能够一览无余地瞭望天空。

Combisol系统的二重体系提供了最佳眩光保护。相比之下，这种棱镜系统利用的是玻璃板棱镜表面光的传播、折射以及反射等几何光学现象：射到玻璃上的垂直光线被完全反射，只允许斜着射入的漫射光通过。这种类型的透明遮阳系统可用于玻璃屋顶和立面。当然，棱镜表面必须可以根据太阳的位置加以调整。因而，它们是由旋转镜片构件构成的，并且由微型计算机进行精确导航。

Siteco Beleuchtungstechnik GmbH
Georg-Simon-Ohm-Strasse 50
D-83301 Traunreut
Germany
Tel: +49 8669 33-0
Fax: +49 8669 33-397
Email: info@siteco.de
www.siteco.com

高效遮阳板

这些复杂的专利遮阳板系列产品保证了房间的被动制冷能力，同时也保证了房间深处的照明以及透明度。这种Retrolux遮阳板是一种宏观结构的日光系统。它的外部有一个W形的反射装置，能够减弱过热的夏日阳光，同时，内部还有一个光线铲，以提高日光流入。这些宽50mm的板条被连接到线圈上，从而形成了遮阳百叶，而20mm宽的板条或刚性连接，或者作为百叶，被安装在中空玻璃中。Retrolux技术还提供了供外部使用的特殊设计。这些遮阳板的上部是高度反射的，下部呈白色。这些优雅的光学系统提供了高层次的舒适度，而且节能效果在五年内就能带来回报。板材上部凹槽上的具有微观镜像结构的Retroflex遮阳板是同一个开发部门设计的一个微观结构系统。它在外墙表面形成了一个视觉焦点，同时也令过热的阳光远离了玻璃窗。

采用Retrolux A日光系统的瑞士威登斯维尔物流中心

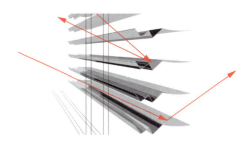

可视模型内的反射以及内部日光流入

Köster Lichtplanung
Integraldesign für
Tageslicht und Kunstlicht
Dr.- Ing. Helmut Köster
Karl-Bieber Höhe 15
D-60437 Frankfurt am Main
Tel.: +49 69 507464-0
Fax: +49 69 507465-0
E-Mail: info@koester-lighting-design.com
www.koester-lighting-design.com

Retrolux遮阳板的工作原理

遮阳金属织物

金属织物已被广泛用作外墙材料多年，但它们还具有窗帘式遮阳等有趣的特性。遮阳水平取决于织物的网眼尺寸，但同时也取决于穿过的日光数量。编织图案的选择使得它能够适应太阳不同的高度，从而保持相应的半透明度并对外墙立面的朝向做出反应，还能仅用一种单独的材料就获取所需的日光量。单一材料的使用也保证了视觉统一的特性，从而使得连续过渡变得可行。金属织物在内部创造了一种温和而平衡的光照条件，同时保证向外看时具有足够的可视透明度。此外，该材料也使开启窗户成为可能，无需维护，不受天气影响，并且可以改装。这种织物由可回收材料制成，本身也可以完全回收。

华盛顿大学，南湖联合大厦，立面剖面

从内部看织物结构

Cambridge Architectural
105 Goodwill Road
Cambridge, MD 21613
USA
Tel.: +1 866 806 2385
E-Mail: sales@cambridgearchitectural.com
www.cambridgearchitectural.com

紧固件细部

水的回收利用

独栋住宅中的灰水回收利用

两个水箱的剖面图

淋浴和洗澡水的回收利用

这种WME-15水回收系统可以将浴缸、淋浴和洗手盆中排出的灰水处理成高等级的水，用来冲厕所、进行室内清洁或浇灌花园。该系统单元的灰水日处理量可达大约700L，因而特别适合多户住宅。经过初步的机械过滤后，在750L的收集和存储罐中，通过特定的净化细菌的作用，有机杂质得到了分解。第二阶段的净化也无需任何的化学添加剂，是通过特殊的膜过滤器完成的。一个富含氧气的充气泵保证了过滤器的清洁及其较长的使用寿命。最后，清水被存储在一个较小的仅500L的带有增压单元的存储箱中。该系统可以与雨水装置结合使用，简单方便。

GEP Umwelttechnik GmbH
Wecostr. 7 - 11
D-53783 Eitorf
Tel.: +49 2243 9206-50
Fax: +49 2243 9206 - 66
E-Mail: schildhorn@gep.info
www.gep.info

雨水利用连接装置

F系列水箱的掩埋

平底水箱中的雨水处理

和灰水的回收利用类似，利用雨水来灌溉花园或进行室内清洁，也不失为一个好主意。雨水通常要比自来水软一些，因而更适用于洗涤，同时还具有节约饮用水的生态效益。然而，传统的混凝土水箱的安装需要进行深度挖掘，还要使用恰当的机器设备，这可能对相邻花园产生不利的影响。Rewatec的F系列地下水箱的一大特点就是可以进行极为平坦的施工建设。因而能够将其安装在一个已经存在的花园中，而3000L的水箱所需挖掘的坑仅需1m深。这些水箱都是由聚乙烯材料制成的，具有防地下水渗入的特性；由于它们的重量较轻，两个人用简单的设备就可以轻松完成安装。它们可以承载轿车的重量（承载力高达2.2t），因此，可以将其安装在车库或车道下面。容量为1500L、3000L、5000L或7000L的水箱可以单独使用，也可以作为一个整体系统为住宅和花园提供用水。

Rewatec GmbH
Bei der neuen Münze 11
D-22145 Hamburg
Tel.: +49 4076 9164-0
Fax: +49 4076 9164-30
E-mail: hamburg@rewatec.de
www.rewatec.de

供 热

Solvis顶级太阳能锅炉

　　Solvis顶级太阳能锅炉被认为是一个模块化系统,将冷凝锅炉、分层存储罐以及太阳能收集器集成一体。每一个单独的组件都具有杰出的能效,并且可以随意进行组合使用。燃烧器可以轻松地从燃烧油料改成燃烧天然气,也可以使用地热泵。将燃烧器或热水泵集成在存储罐中是一大特色,它将热量的损失降至最低。不过,最重要的一个特点就是太阳能的使用使得燃烧器有时变得多余。在收集器中太阳能加热的水被导入专利三层水箱中,并通过具有开放阀门的垂直管道将这些水分送到适当的温度区域。这意味着整个水箱中的水不必被加热到相同的温度。水箱上层的热水通过一个热交换器将淡水加热,从而提供纯净的热水。

冷凝式锅炉和太阳能分层存储罐

Solvis GmbH & Co KG
Grotrian-Steinweg-Straße 12
D-38112 Braunschweig
Tel.: +49 531 28904-0
Fax: +49 531 28904-100
E-Mail: info@solvis-solar.de
www.solvis-solar.de

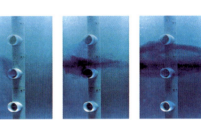
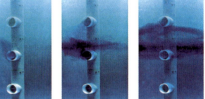

三层水箱

运用木材供热的大型工厂技术

　　木材燃烧时,只有树木成长时从空气中吸收的二氧化碳被释放了。面对燃油价格的日益上涨,木材供热法从经济节约角度来讲是很令人感兴趣的。紧凑型HDG 100产品是一种通过木条、刨花以及木颗粒的燃烧进行的自动供热系统。100kW的额定热容量使得该装置非常适合应用于农业和林业领域,也适用于企业和酒店,以及拥有不止一个家庭的大家族。它是HDG的最小装置,具有专利设计的倾斜炉排。里面的部件不断地将燃烧残渣输送到装灰烬的容器中,从而形成了零排放且高效率的燃烧。这项技术是从大型供热厂中经过改进而来,适用于问题性木材燃料,包括非常干燥以及非常潮湿的材料。木材残渣和树梢也可以进行有效而清洁的燃烧,整棵树木都可以完全加以利用。

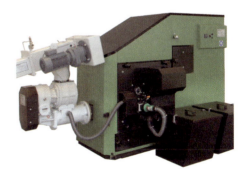

HDG 100装置

HDG Bavaria GmbH
Heizsysteme für Holz
Siemensstraße 22
D-84323 Massing
Tel.: +49 8724 897-0
Fax: +49 8724 897 888-100
E-Mail: info@hdg-bavaria.com
www.hdg-bavaria.com

倾斜炉排特写

保 温

手锯切割

无缝式矿物墙体构造

Multipor矿物保温板

　　Multipor是一种密实的、纯矿物性的保温材料，由沙子、石灰、水泥和水制作而成。由于没有负面的微生物学影响，它可以被安全地用于建筑物中，而残留物也可以被完全回收利用或处理掉。这种保温板的标准规格为600mm×390mm，厚度在140mm至160mm之间，可以通过精良的手锯进行切割。但是，由于它缺乏灵活性，因此需要相邻部件之间的精确契合以及仔细的操作。这种材料的尺寸稳定，抗压缩，能够渗透蒸汽，耐潮湿且不易燃。它的应用领域是外墙的内保温、地下室的保温、地下停车场屋顶、通风倾斜屋顶以及平屋顶。与保温复合系统中的外部保温一样，Multipor提供了一种其他矿棉或聚苯乙烯材料不具有的决定性优势，这种优势受到了建筑师们的青睐：墙体不仅无缝，还具有岩石一样的稳定性。

Xella International GmbH
Tel. +49 203 806 9002
communication@xella.com
www.xella.com

通 风

太阳能天窗外部一览

不上人天窗的电动操作

太阳能电动天窗

　　遥控技术使得人们可以在较远的地点安装电动控制的天窗，从而大大增加了人们的操作舒适度。人们可以通过编程来预先设定黄昏时的通风和关闭程序，而当雨水来临时，还可以通过传感器自动关闭天窗。这个天窗的电子驱动是由集成光电模块提供的，它单独为天窗提供能源供应，无需依赖房屋的能源。这在房屋现代化的进程中取代老式窗子方面具有巨大的优势。它无需电子器件将窗子与电源相结合，也避免了铺设电缆时的噪音和灰尘。该系统还可以作为一个改装设置，利用io-屋控无线电标准，与其他的威卢克斯电子系统产品相连。

VELUX Deutschland GmbH
Gazellenkamp 168
D-22527 Hamburg
Tel.: +49 40 54707-0
contact & support for architects:
Email: architektur@velux.de
www.velux.com

模块化通风装置

利用中央通风设备，新鲜空气被引入外立面，进入生活区域，穿过大厅，最终通过功能室（如浴室或厨房）释放到户外。它除了与分散装置相比具有巨大的流动优势外，通过将其安装在地下室，也能避免通风装置带来的潜在噪音滋扰。这种DeeFly空气供应和排烟系统还具有热回收功能，可以提取温暖空气中的能量并将其输送到新鲜的空气供应中。DeeFly 90装置通过一个交叉气流换热器发挥功用，其90%的高能效使它有资格按照德国复兴信贷银行（重建信贷机构）的规定申请资助。模块化的结构使得它能够将通风装置和换热器放在不同的房间。这不仅在有限的空间内简化了安装程序，同时也具有能源优势：多户住宅中的每间公寓都可以拥有单独的换热器模块。这意味着在为更多人供热的同时也能回收更多的热量——这是一个有趣的"能源公平"方法。

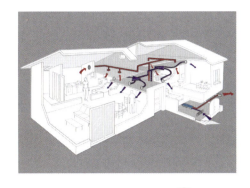

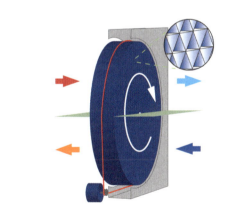

ALDES Lufttechnik GmbH
Fanny-Zobel-Straße 5
D-12435 Berlin
Tel.: +49 30 532 1900-0
Fax: +49 30 532 1900-1
E-mail: aldes@aldes.de
www.aldes.com

湿度恢复通风装置

Systemair公司的VR系列通风装置是通过一个所谓的旋转式换热器进行运作的。在冬天，一个有空气流经的旋转圆盘将废气中的热量传到空气供应装置中。在夏季，操作原理则相反，较为凉爽的废气对流入的较为温暖的空气进行预冷。与传统的板式换热器不同，它不仅恢复了热度，也恢复了湿度。这具有两个主要的优势：在冬季，略微潮湿的空气供应保证了室内的宜人气候（而在夏季，室内过多的湿气从室内房间转移到室外）；另一方面，如果外部温度低，排出的气体中就没有冷凝物积聚，这样就使得排水连接装置变得多余，同时在很大程度上消除了结冰的危险。因此，即便没有防冻保护，该装置也能运转，从而节省了能源，也使安装变得更加简易。85%的能效是非常高的，仅略低于最好的交叉气流换热器所能达到的90%的能效。

Systemair GmbH
Seehöfer Str. 45
D-97944 Boxberg-Windischbuch
Tel.: +49 7930 9272-0
Fax: +49 7930 9272-92
info@systemair.de
www.systemair.de

清 洁

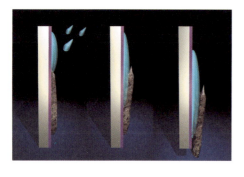

可去除污垢下的水流

弄脏传统瓷砖……

……亲水性表面处理效果

通过亲水表面处理进行的低度清洁

　　瓷砖上的疏水涂层会抵制水和污垢；它们无需经常清洁，从而节约了用水和清洁剂。由德国Steinzeug瓷砖生产商生产的一种新型的亲水表面处理工艺则采用了相反的功效，不抵制水，而是将水分流成一层薄薄的水膜，流到污垢下面将其轻松地除去。钛白粉经过烧制，被放入用"海洁特"方法制造的瓷砖的釉中。这种物质成为光、氧气和潮湿空气之间进行反应的催化剂，具有抗菌作用，还能分解不良气味。与传统涂料相比，它最重要的优势在于面临机械损伤和错误清洁时表现出的耐用性。这些特点是这种瓷砖所具有的众多优点的一部分，耐磨、耐化学品腐蚀等诸多优点将永远保持不变。

Deutsche Steinzeug Keramik GmbH
Marke AGROB BUCHTAL
Buchtal 1
D-92519 Schwarzenfeld
Tel.: +49 9435 391-0
Fax: +49 9435 391-3452
E-Mail: agrob-buchtal@deutsche-steinzeug.de
www.agrob-buchtal.de

沐 浴

单户家庭住宅中的温水出口

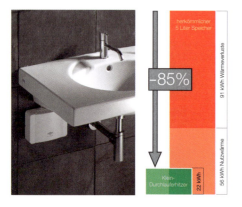

视觉上不唐突且节能

分散式温水供应系统实现的节能与舒适

　　与中央温水供应系统相比，从能源消耗与舒适角度看，每个出口都有单独的温水装置的分散式系统具有相当大的优势。水是在需要的时间和地点进行加热的，这样就避免了能量储存以及管道中的能量损失。电动的持续水流加热器可以将水加热到想要的温度并保持恒定，而无需顾及指数值、流速和入口温度。温水也是立即可用，这样在混合过程中不会造成水的浪费。最后，可用的温水量也没有限制，因为没有可以清空的储水罐。Clage提供了高效、极具吸引力且简单易用的装置，可以用于三个主要的操作区域——浴室、厨房以及客卫。

CLAGE GmbH
Pirolweg 1-5
D-21337 Lüneburg
Tel.. +49 4131 890 1-38
Fax: +49 4131 244 47 71
E-Mail: export@clage.de
www.clage.com

供 暖

−15℃下的100%性能

据制造商三菱电器公司介绍，Zubadan热泵（源自日语，"Zuba"=超级；"dan"=热）在低温条件下的性能尤为出色。即使在室外温度低至−15℃的情况下，使用这款热泵也无需添加任何辅助加热装置。而且，三菱公司称，即使在这种温度条件下，热泵仍能发挥出最好的效能，而传统的变频式热泵只能达到其性能的60%。该系列产品中包含空气−水和空气−空气两种热泵。前者从室外空气中提取热能，用来为室内空间或饮用水加温。人们也可以用这款热泵给散热器、地热装置和游泳池供热。

在空气−空气热泵中，如为了在较大的房间内形成一种均匀的室内气候环境，最多可以将四个室内模块连接在一起并与一台室外设备接通，在商业建筑中这一特性尤其有优势。

Zubadan热泵

Mitsubishi Electric Europe B.V.
Air Conditioning Division
Gothaer Str. 8
D-40880 Ratingen
Tel.: +49 2102/486-0
Fax: +49 2102/486-4664
www.zubadan.de

与供暖系统融为一体

只用太阳为房屋供暖

Consolar公司推出了Solaera太阳能供暖系统，据介绍，该系统可以完全利用可再生能源满足房屋的供暖需求。该系统中结合了一台混合式采集器、一台热泵、一台复合式锅炉和一个以水/冰为基础原料的隐形储热罐，完全告别了石油和天然气，甚至在夜间和恶劣的天气条件下也是如此。太阳本身就能满足供暖所需能源的85%左右。余下的15%则必须靠电动热泵补足。

在阳光明媚的情况下，混合式采集器像传统太阳能采集器一样工作。在多云的情况下，一个风扇装置将周围的空气导入采集器中。空气中的热量被抽取到太阳能溶液中，进而运送到隐形储热罐中。如果需要更多热量，可以将热泵打开；这样就可以先从隐形储热罐中提取到低温热量，进而把它加热到更高的温度。这样一来，该系统的年度功效系数可以高达5～7。无需安装地热传感器；该系统只需从周围空气中汲取热量即可。据Consolar公司介绍，该系统的耗电量比强大的海水−淡水热泵低出20%～35%。

德国罗拉克地区一栋房屋内的Solaera供暖系统

Consolar Solare Energiesysteme GmbH
Strubbergstraße 70
D-60489 Frankfurt/Main
Tel.: +49 69 7409328-0
Fax: +49 69 7409328-50
E-Mail: info@consolar.de
www.consolar.de

系统示意图：混合式采集器（左上角）、热泵和隐形储热罐（左下角）、复合式储存罐（右）

谁惧怕德国标准DIN V 18599的到来？

Hans Erhorn

历史概述

DIN V 18599暂行标准系列拥有一个评估建筑物总效能的程序，这正符合自2006年以来欧盟所有成员国的要求。能源平衡在德国早已不是什么新鲜事物了；自1977年以来，德国就开始限制建筑物的能耗了。保温和系统技术最初是分开考虑的；但自1995年以后，系统技术的各个方面也正在被列入能源平衡中。从2007年开始，能源平衡已涵盖所有的建造项目以及维持建筑物运营的建筑设备体系。

授权

2004年，德国联邦交通建设与城市发展部向德国标准化学会（DIN）提出申请，申请实施建筑物能效指令（EPBD），具体内容简要总结如下：

- 现有方法的广泛利用
- 关于在欧洲范围内协调统一的考虑
- 能效证书颁发过程的简化
- 对所有类型建筑采取整齐划一的综合方案

以往方法

DIN V 18599所包含的基本平衡方法源于现有的程序。在综合考虑了所有可能的热源和冷源的情况下，这些程序被加以改进，以实现供暖和制冷时使用的净能源的综合平衡。此外，热发电机是按照"供暖装置"的原则来分等级的。普通的供暖产品，如通过一台热发电机来进行泵式暖水供暖以及空气调节的产品，也都被列入评估之列。这意味着，它大体上与以往的住宅建设程序没有什么两样。只是平衡程度有所增加（制冷、通风和照明），同时还消除了以往方法中发现的不足。

以往方法的不足

首先，人们对这些标准所依据的各种方法进行了测试，以确定拓宽这些方法的可能性。以往方法是基于一些无法实现综合平衡的简化措施，其标准也没有统一协调的欧洲基础。另据证据表明，它还导致过高估计了通风和空气调节技术以及防眩系统的实施带来的太阳得热。在该方法中，建筑物与待评估供暖系统之间也没有相互作用。相反，它设定了一个固定的采暖期（285天），设定了固定的内部得热、空气总量以及室温，完全不考虑建筑标准和设备，因而不可能实现通风和空气调节体系、制冷系统和照明系统（包括日光系统）的一体化。这些局限性也导致了游泳池与住宅的供暖要求同样低的现象。另一方面，对新开发建筑类型的能源要求的评估也频繁导致盈余，还屡次遭到那些创新型建筑开发商的批评。

整合后的方法

这些新方法的提出就是为了消除那些已知的缺点。它们充分考虑了建筑物与系统技术的相互作用中产生的内部得热所带来的真正系统损失。这种整合后的方法也令其跻身欧洲标准化程序之列，并被推荐应用于复杂建筑体系的评估工作。它们也将可变化的运行周期引入评估体系，同时还能根据实际需要，通过界定使用程度计算出系统工程的能效；对于那些规模过大的系统，或者局部荷载运行时间较长的系统，还可以进行更为精确的评估。

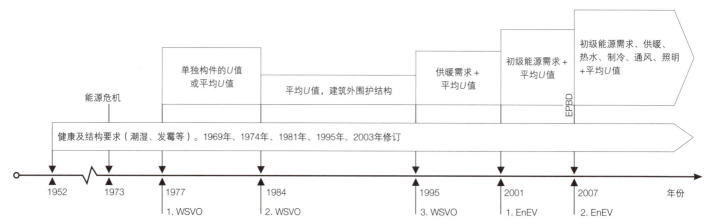

1 WSVO＝保温条例/EnEV＝节能条例

2

Hans Erhorn，工程硕士，德国弗劳恩霍夫建筑物理研究所热能技术部主任；《德国联邦交通、建设与城市发展部2007年二氧化碳报告》的作者之一；建筑物能效评估（DIN 18599）联合委员会主席，欧盟标准化委员会(CEN）EPBD协调小组的德国代表。

标准的构建

该标准的构建就是为人们提供其实际所需的评估准则。在应对需要供暖的以及自然通风的住宅时，没有必要考虑所有的条款，仅需考虑那些相关方面（平衡供暖需求的方法，以及供暖和热水的最终能源需求）。第一部分就准确描述了在总体平衡中所需包含的信息。

从有效能源（房间）到初级能源（环境）

这种平衡遵循了已确立的方案，从有效能源开始，经过最终能源，再到初级能源。在确定的有效能源需求（供暖、制冷、照明等）中也考虑到了技术损失，以确定最终的能源需求。按照DIN V 18599-1，确定总体平衡的重要因素有：有效能源、辅助能源、技术损失以及可再生能源，这些因素都是依据DIN V 18599-2至DIN V 18599-9确定的。与以往相比，最终能源需求是用卡路里（或热值）来表示的。平衡的最终能源，在每个能源承载体承载的初级能源中可以用来对环境的有效性进行评估，其转换方法使用的就是初级能源因素。

房间的有效能源需求

房间热能调节的有效能源需求是按照散热片（损失）与热源（增益）之间的平衡来计算的。这种平衡步骤以前只是被用来确定建筑物的供暖需求，但现在同样的计算过程也可用于确定制冷所需的能源。以往忽略的非有效（内部和太阳能）增益部分代表了房间的制冷增益需求。通过这种方法，就能协同扩大能源平衡，而无需进行额外的计算了。

技术系统的最终能源

服务设备最终能源需求的确定是按照统一（已知）的计算程序，对从空间到生产者等各个环节加以计算的。个别部分的损失是单独确定的，也可按照供暖或制冷区域的温暖增益计算获得。在交货和生产方面的计算可能就不这么严格了。

与欧洲其他国家的比较

DIN V 18599暂行标准系列的构建在欧洲建筑物能效指令（EPBD）的实施框架内，充分考虑了欧盟委员会授权的各项欧洲标准。为做到这一点，筹备小组从联合委员会中请到了一名代表——联合委员会是和所有相关的欧洲标准机构打交道的——因而能够保证在此暂行标准系列文件中记录的算法在相应的审议标准草案中也同样被加以考虑。与40多份CEN审议标准草案相反，DIN委员会的做法使我们能够建立一个协调且遵循CEN审议标准草案的暂行标准。由于在德国国内的及时实施，DIN V 18599被认为是欧洲的王牌标准。大多数建筑领域的创新体系和技术都可以使用这个标准来加以描述。这些也将被引入CEN审议标准草案中，以更新原有的欧洲标准。这意味着，未来欧洲的标准化进程也将受到DIN V 18599的决定性影响。我们高兴地看到，一些国家——包括卢森堡和奥地利——已经开始全部或部分地在其国内标准程序中加入了DIN V 18599的内容。

各国家所用的技术	英国	捷克	丹麦	芬兰	法国	德国	希腊	意大利	荷兰	挪威	波兰	葡萄牙	西班牙
需要的通风					✔	✔							
分散式通风			✔	✔		✔						✔	✔
被动式双层立面		✔			✔	✔			✔				
主动式双层立面		✔				✔							
反射涂层						✔		✔		✔			
密封产品	✔	✔	✔			✔			✔	✔			
微热电站	✔	✔				✔					✔		
吸收式热泵			✔		✔	✔					✔		✔
燃气热泵			✔		✔	✔					✔		
热回收	✔	✔	✔	✔	✔	✔		✔	✔		✔	✔	✔
逆流换热器	✔	✔	✔	✔	✔	✔		✔	✔			✔	✔
直流风机	✔	✔	✔	✔	✔	✔						✔	✔
能源管理系统					✔	✔					✔		
日光感应器			✔	✔	✔	✔			✔				✔
运动探测器			✔		✔	✔			✔				✔
三层玻璃	✔	✔	✔	✔	✔	✔		✔	✔	✔		✔	✔
保温窗框	✔	✔	✔	✔	✔	✔		✔	✔	✔	✔	✔	✔
防紫外线玻璃					✔	✔	✔	✔	✔	✔	✔	✔	✔

1 对平衡框架进一步发展的描述，以证明德国对节能建筑的需求

2 德国住宅（供暖、通风、暖水供应）的平衡结构示意图

3 在欧洲国家用于评估建筑能源效率的计算程序中，可验证创新体系与技术之间的对比。在进行分析时，希腊还未确立任何计算方法。

可持续发展认证的市场前提

Dr.Roman Wagner-Muschiol, Tajo Friedemann

在房地产市场上，尽管可持续发展认证在早期获得了成功，但现在仍要证明其自身的价值。然而，国际性和品质等各种各样的标签都已不再被当成任何长期市场接受度的要素了。

德国的首次尝试

随着2009年1月由德国可持续性建筑质量认证（DGNB）制定的质量保证体系的引进，德国的建设及房地产市场如今已拥有了自己的标签，可以对建成结构的可持续品质进行评估。但是使用这一评估工具的初期情况还不太稳定。在许多情况下，由于财力不足这个主因，建设项目面临着被取消或延期的困境。另一方面，人们也越来越关注在实际运作过程中降低成本，以及由建筑物的可持续品质直接带来更多利润——这可能有助于这一质量认证体系的更快引进。特别是租借或租用"绿色"住宅的人员日益增多也会加速房地产领域与可持续发展认证形式的整合。德国认证工作的高速发展也在意料之中，因为很多其力求实现的目标都反映了当今社会和未来调控要求的一些重要方面，如建设领域中的整合能源与室内微气候，以及在建设领域中现有的程序标准等。除了得到德国联邦交通、建设与城市规划部（BMVBS）的大力支持外，DGNB质量保证体系的大力拓展也会受到公共部门的支持。

国际性及内在品质

尽管背后有国家的支持，但是德国认证体系几乎没有机会大显神威，这一事实不能仅归咎于苛刻的市场条件。在DGNB和

BMVBS引进计算工具的时候，它们的竞争对手早已摆脱了初期的困境，并开始迅速发展成为国际认可的可持续认证体系。

目前最强有力的竞争对手是美国能源与环境设计先锋（LEED）这个评估体系，它运用了简单的系统学原理并得到了广泛的应用，因而在房地产市场上的知名度越来越高。LEED体系能准确描述自用新办公大楼、风险投资房产，以及现有建筑的内部改造和装配的可持续质量。因此，在评估投资和租赁方案以及优化日常管理因素等层面上，现有楼宇的投资者、租房者以及业主可以与其他国家对比与自身相关部分的可持续性质量。投身于房产市场的欧洲人往往愿意采用这些建立在北美标准基础上的绩效衡量方法——通常耗资不菲——与德国国内的建筑和质量标准进行比较。这次修订版的出台旨在克服这一缺憾，已于2009年年中问世。

除此之外，德国质量保证体系也要面对来自英国的竞争。英国BREEAM（建筑研究所环境评估法）的国际版本2008年秋天就已经问世了。此外，由于国际购物中心理事会的偏爱，人们可以预期这一体系会取得成功，尤其是对英国和欧洲大陆零售业房产以及多用途房产的评估。

乍一看，到目前为止这种DGNB质量保证体系的表现还不足以与来自英美的对手抗衡：它才刚刚通过试验阶段，它的第一个版本只用于办公和行政大楼，而且至今还没有英译本。然而，

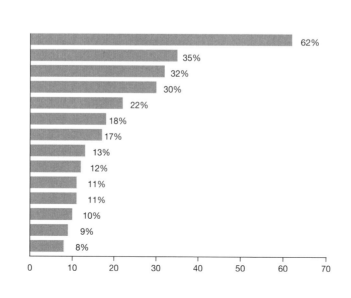

员工的幸福感　62%
公共交通的使用　35%
能源的有效利用　32%
办公空间的有效利用　30%
工作场所管理　22%
废物管理　18%
员工行为指南　17%
材料的可持续使用　13%
寿命的延长　12%
员工的住所靠近城市　11%
节水措施　11%
代用交通工具　10%
绿色环境　9%
其他社会设施　8%

1 仲量联行就质量优先事宜对租房者进行的调查（2008年）
2 可持续建筑领域中的国际质量保证体系：
　DGNB：德国
　LEED：北美
　Minergie：瑞士
　Casbee：日本
　BREEAM：英国
3 世界地图，上面标注了具有最重要"绿色"标签的国家

MINERGIE®

breeam

CASBEE®

2

Roman Wagner-Muschiol博士是法兰克福仲量联行的副董事及项目组负责人。2006年，他创立了战略建筑学科。Tajo Friedemann是法兰克福仲量联行的战略顾问，负责解决建筑物的能效及可持续性等问题。

如果你分析一下该标准的目录以及各个体系的权重因子就会发现，德国认证体系显然综合考虑了房地产市场要素评估过程中涉及的经济和社会功能品质，而就这些评估标准而言，LEED和BREEAM还存在着一些空白。但鉴于LEED和BREEAM的国际化适用范围，我们现在正处于见证可持续发展认证的一个重要阶段——在这个阶段中，德国的评估程序正在逐渐攻占市场。只有表现出了适当的品质，才能获得永久的市场接受度并维持下去。但是，在竞争条件下，持久的成功只有通过下述体系才能实现：以清晰易懂的量化价值语言体现房地产市场的具体利益。

社会可持续性及市场接受度

房地产市场只有在直接或间接的金钱价值上证明自身价值时，才能将可持续特性解读为一种品质。因此，要想获得长期成功，评估体系必须能够让那些对市场有着主动兴趣的人们相信，评估对象的可持续性品质与相关收益和风险这二者之间存在关联。LEED和BREEAM的宗旨主要是用技术和生态术语来界定并描述能效。相比之下，DGNB质量保证体系在评估方面更进一步，它考虑了评估对象的社会功能品质。描述经济、生态和社会品质之间的关联似乎是一种恰当的做法。毕竟，商用对象的市场接受度首先是出于其社会属性。将房产投放市场，并通过展示其可持续品质而从中获利，这一范畴的扩大或缩小取决于它作为租用或被租用对象是否具有吸引力。

在这种背景下，我们应当记住，现代服务业的运营成本中四分之三以上都用于员工的工资。特别是经济衰退时期，员工的干劲和高效表现会确保关注的收益率远远超过在电力、水和废物处理方面花费的开支。

经验表明，租用或出租房产的决定很大程度取决于如下因素，如员工之间的合作情况、用户舒适度、美观程度以及布局和设计的灵活性等。

未来展望

这些评估体系的未来发展在于它们是否有能力在评估对象的使用中向房产投资者、所有者以及租房者传递出一幅清晰的可持续品质的蓝图。因此，出租或租用"绿色"空间的申请数量，就是各个评估体系市场接受度的一个良性指标。然而，只有符合了租户的基本利益，可持续发展认证才能在未来的市场上显示自身的权威。

此外，从长远来看，德国质量保证体系只有像其英国对手那样设法将自身打造成一个国际标准，才有可能维持有效性。为了在未来获得广泛的市场接受度，它必须成功地向房产使用者证明其直接的经济增益。在任何情况下，都必须将租房者的利益放在核心位置。

3　地图

page 18

Bank of America Tower, New York

42nd Street and Sixth Avenue
USA–10036 New York

· Client:
Bank of America/Durst Organisation
· Architects:
Cook + Fox Architects, New York
Richard A. Cook, Robert F. Fox
· Project team:
Serge Appel, Pamela Campbell, Tobias Holler,
Mark Rusitzky, Caroline Hahn, Carlos Fighetti,
Natalia Martinez, Mark A. Squeo, Arzan S. Wadia,
Daniel K. Berry, Matt Fischesser, Ethan Lu,
Lisa Storer, Jesus Tordecilla, Ife Vanable
· Structural engineers:
Severud Associates, New York
· Mechanical engineers:
Jaros, Baum & Bolles, New York
· Exterior wall consultant:
Israel Berger Associates, New York
· Energy consultant:
Viridian Energy & Environmental, LLC, New York
· LEED consultant:
E4, Inc., New York
· BOA tenant architect:
Gensler, New York
· Construction:
Tishman Construction Corporation, New York
· Geo-technical engineer:
Mueser Rutledge Consulting Engineers,
New York
· Executive architects:
Adamson Associates Architects, New York
· Elevator consultant:
Van Deusen & Associates, New York
· Base building acoustician:
Shen Milsom & Wilke Inc., New York
· Security consultant:
Ducibella, Venter & Santore, North Haven
· Exterior maintenance consulting:
Entek Engineering, New York
· Transit consultant:
Vollmer Associates, New York
· Lighting planning:
Cline Bettridge Bernstein Lighting Design Inc.,
New York
· Energy consultant, Environmental consultant:
Steven Winter Associates, New York
· Photovoltaic consultant:
Solar Design Associates Inc., Harvard
· Wind consultant:
altPower, New York

page 26

Marché International Support Office, Kemptthal

Alte Poststrasse 2
CH–8134 Kemptthal

· Client:
Marché Restaurants Schweiz AG, Kemptthal
· Architects:
Beat Kämpfen, Office for Architecture, Zurich
· Project architect:
Rico Ruder
· Assistants:
Vadislav Ignatov, Michael Bühlmann
· Structural engineers (timber structure):
AG für Holzbauplanung, Rothenthurm
· Construction engineers:
Gerd Groier, Wetzikon
· Energy engineers:
Naef Energietechnik, Zurich
· Building physics and acoustics:
Amstein & Walthert AG, Zurich
· Electrical engineers:
Enerpeak Engineering AG, Zurich
· Sanitary planning:
Gerber Haustechnik, Schwerzenbach
· Interior design:
Beat Kämpfen, Office for Architecture, Zurich

· Life Cycle Analysis:
Alex Primas, Basler & Hofmann
Ingenieure und Planer AG, Zurich
Tel.: +41 44 3871122
www.bhz.ch
· Timber construction:
Bächi Holzbau AG, Embrach
Tel.: +41 44 27080-80
www.baechi.ch
· Fenestration:
1a hunkeler AG, Ebikon
www.1a-hunkeler.ch
· Special glasses:
GlassX AG, Zurich
www.glassx.ch
· Heating, Ventilation:
Ganz Installationen AG, Volketswil
www.ganzinstallationen.ch
· Electrician:
Leu Elektro GmbH, Zurich
www.leu-elektro.ch
· Photovoltaics:
Suntechnics Fabrisolar AG, Küsnacht
www.suntechnics.ch
· Furniture:
Schreinerei Hans Rutz, Oberneunform

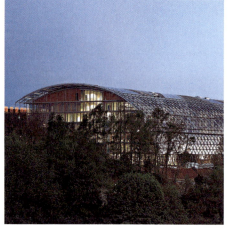

page 34

European Investment Bank, Luxembourg

100, Boulevard Konrad Adenauer
L–2950 Luxembourg

· Client:
European Investment Bank, Luxembourg
· Architects:
Ingenhoven Architects, Düsseldorf
Christoph Ingenhoven
· Structural engineers, roof and cable facade:
Werner Sobek Engineers, Stuttgart
· Fassadenplanung, Bauphysik
Facade planning and building physics:
DS Plan, Stuttgart
· Technical installations and mechanical services:
HL-Technik AG, Munich (design)
IC-Consult, Frankfurt a.M.
pbe-Beljuli, Pulheim
S&E Consult, Luxembourg
· Fire protection:
BPK Brandschutz Planung Klingsch, Wuppertal
· Materials handling technology:
Jappsen & Stangier, Berlin
· Traffic planning:
Duth Roos Consulting, Darmstadt
· Office organisation:
Quickborner Team, Hamburg
· Lighting planning:
Tropp Lighting Design, Weilheim
· Open space planning:
Ingenhoven Architects, Düsseldorf
WKM Weber Klein Maas Landschaftsarchitekten,
Meerbusch
· Orientation system:
Ingenhoven Architects, Düsseldorf
Unit Design, Frankfurt
· Project management:
Jacobs France, Paris
Paul Wurth S.A., Luxembourg

· General contractor:
CFE, Brussels
www.cfe.be
Vinci Construction Grands Projets,
F–Rueil-Malmaison
www.vinci-construction.com

Contractors and suppliers
Details of contractors and suppliers are based on
information provided by the respective architects

Photo credits:

Photos for which no credit is given were either provided by the respective architects
or they are product photos from the DETAIL archives

p. 6:
Martin Duckek, Ulm
p. 7 top right, bottom right:
Manos Meisen/Friedrich Wassermann Gmbh + Co.,
Cologne
p. 7 bottom left:
Marco Maria Dresen, Berlin
p. 8 top left:
Daniele Domenicali, Imola
p. 8 bottom:
Nerida Howard, London
p. 9 top:
Nick Kane, GB–Kingston-upon-Thames
p. 12,
Vestas Wind Systems A/S
p. 13:
SolarWorld AG, Bonn
pp. 15, 18 bottom:
Peter Aaron/Esto, New York

p. 16 top:
Catherine Tighe/catherinetighe.com
p. 16 bottom:
Michael Moran Photography, New York
p. 17:
Halkin Photography, Philadelphia
p. 20:
dbox/Cook + Fox Architects, New York
p. 21 top, bottom left:
Cook + Fox Architects, New York
p. 22 bottom:
Bernstein & Associates, New York
p. 24:
Gunther Intelmann/Cook + Fox Architects, New York
pp. 26 top, 27 top:
Gunther Intelmann, New York
p. 27 bottom:
Paúl Rivera/archphoto.com
pp. 28, 29, 31 bottom, 34:
Willi Kracher, Zurich

p. 30:
Gerber Media, Zurich
pp. 31 top, 32:
Beat Kämpfen, Zurich
p. 35:
Hilde Kari Nylund/Skarland Press, Oslo
pp. 36, 37, 38, 39,
Hans Georg Esch, Hennef
pp. 40, 47:
Roland Pawlitschko, Munich
pp. 41, 45
Hans Georg Esch, Hennef
p. 49:
Frank Kaltenbach, Munich
p. 51 top:
Zooey Braun, Stuttgart
p. 51 middle:
Hiroyuki Hirai, Tokyo
p. 51 bottom:
Alberto Ferrero, Milan

DETAIL Green
Specialist Journal for Sustainable Planning and
Construction

Published by:
Institut für internationale
Architektur-Dokumentation
GmbH & Co. KG,
Sonnenstrasse 17,
80331 Munich, Germany
Tel.: +49 (0)89-38 16 20-0
Fax: +49 (0)89-33 87 61
www.detail.de/english
PO Box:
Postfach 33 06 60,
80066 Munich, Germany
Managing director:
Hans-Jürgen Kuntze
Tel.:+49 (0)89-38 16 20-27
Editorial team:
(address as above)
Tel.: +49 (0)89-38 16 20-57
Email: redaktion@detail.de
Christian Schittich (editor-in-chief),
Sabine Drey, Andreas Gabriel,
Frank Kaltenbach, Steffi Lenzen,
Julia Liese, Thomas Madlener,
Edith Walter, Heide Wessely
Roland Pawlitschko,
Burkhard Franke,
Yvonne Meschederu
(freelance assistants)
Marion Griese, Emese M. Köszegi,
Nicola Kollmann (drawings)
Michaela Linder, Peter Popp
(editorial assistants)
Editorial team DETAIL transfer:
Meike Weber (editor-in-chief).
Brigitte Bernhardt, Julia Haider,
Zorica IvanÐiÐ, Katja Reich,
Bettina Sigmund, Tim Westphal
Tel.: +49 (0)89-38 16 20-0
English translations:
Peter Green: pp. 4–6, 26–41, 54–65, 80–82, 88–90;
Robert McInnes: pp. 3, 8–25, 42–53, 66–77, 84–86;
Online editor:
Nina Fiolka (address as above)
Tel.: +49 (0)89-38 16 20-49,
Email: fiolka@detail.de
Axel Dürheimer
Tel.: +49 (0)89-38 16 20-22,
E-Mail: duerheimer@detail.de

Romy Früh
Tel.: +49 (0)89-38 16 20-63
Email: frueh@detail.de
Stepanie Keller
Tel.: +49 (0)89-38 16 20-34,
Email: keller@detail.de
Production/DTP:
Peter Gensmantel (manager).
Cornelia Kohn, Andrea Linke,
Roswitha Siegler, Simone Soesters
Subscription contact:
mail@detail.de
Subscription service
(subscriptions and changes of address):
Vertriebsunion Meynen,
Grosse Hub 10,
65344 Eltville, Germany
Tel.: +49 (0)61 23-92 38-211, Fax: -212
Email: mail@detail.de
Marketing/Distribution:
Josef Rankl (marketing manager)
Margit Vitzthum (distribution manager).
Susanne Lubos, Stefanie Wolf,
(address as above)
Tel.: +49 (0)89-38 16 20-25
Advertising:
Edith Arnold (manager).
Claudia Wach (sales administrator)
Tel.: +49 (0)89-38 16 20-24
UK representative advertising
Synergy Group Media
Roy Kemp
Tel.: +44 (0) 20 82 55 21 21
Email: detail@synergygm.com
DETAIL Green
is published twice a year in May and November.
Prices (incl. 7 % VAT (EU)):
DETAIL Green subscription (2 issues in May and
November): € 39.–, £ 24.–, US$ 55.–
Incl. postage/packing (surface mail)
Single issues: DETAIL Green (English edition): € 17.–,
£ 11.–, US$ 23.–, plus postage/packing
Subscription DETAIL English: 8 issues per year (incl.
2 DETAIL Green issues)
€ 122.–, for students € 74.90
£ 84.–, for students £ 51.50
US$ 168.–, for students US$ 96.–
(Proof of student status must be provided to obtain
student rates.)
Incl. postage/packing (surface mail).
Subscription DETAIL Combined:
(12 issues per year:

8x DETAIL English, incl. 2 issues DETAIL Green,
4x DETAIL German/English)
€ 195.70, for students € 125.94
£ 133.32, for students £ 86.56
US$ 256.–, for students US$ 169.–
Incl. postage/packing (surface mail).
Subscriptions in Eurozone are renewed
automatically if not cancelled 6 weeks prior to the
end of the respective subscription period.
All rights reserved.
Distributed in the UK by Royal Mail. International
distribution by
DHL Global Mail (UK) Ltd.
The publishers bear no responsibility for unsolicited
manuscripts and photos.
No part of DETAIL may be reprinted without
permission from the publishers.
No guarantee can be given for the completeness or
correctness of the published contributions.
Reprographics:
Martin Härtl OHG
Fraunhoferstrasse 8
82151 Martinsried, Germany
Printers:
Headley Brothers Ltd
The Invicta Press, Queens Road,
Ashford, Kent TN24 8HH, UK
No claims can be accepted for
non-delivery resulting from industrial disputes or
where not caused by an omission on the part of the
publishers.
©2009 for all contributions (where not otherwise
indicated) with Institut für internationale Architektur-
Dokumentation GmbH & Co. KG
Limited partner:
Reed Business Information GmbH
General partner: Institut für internationale
Architektur-Dokumentation Verwaltungs-GmbH,
a 100 per cent subsidiary of Reed Business
Information GmbH.
The entire contents of DETAIL Green are protected
by copyright.
Any use of contributions in whole or in part
(including drawings) is permitted solely within the
terms of relevant copyright law and is subject to fee
payment. Any contravention of these conditions will
be subject to penalty as defined by copyright law.
Published by

Published by
Reed Business Information

绿色建筑细部
DETAIL Green | 2011

DETAIL 杂志社 编

陈思 高晖 孙倩君 刘宏玉 张淼 译

大连理工大学出版社

目录

前 言

    "可持续性"是公众讨论的重要话题，但对于这一术语的实际含义大家却有各种不同的诠释，使人感到困惑。从个性化定义，到"漂绿"工程——或者说给那些毫无环保性可言的建筑、产品及设备穿上一层可持续性的外衣——"可持续性"的诠释版本可谓千差万别。

    引入LEED、BREEAM和DGNB之类的认证体系旨在使可持续性评估产业变得更加透明。这些体系声称可以覆盖与建筑相关的可持续性的方方面面，并对其进行评估，但这恰恰是某些建筑师提出质疑的地方：一旦引入了这些体系，建筑的其他各个方面是否会被忽略掉——那些在数据上无从体现的方面怎么办？还是说这些认证标志只起到拓展民众建筑视野的作用？在未来出版的《绿色建筑细部》丛书中，我们将进一步探讨这些问题。当然，这些认证标准还是为建筑师留有很大发挥余地的，这一点从本书报道的项目中就能看得出来，其中包括被DGNB体系评为德国可持续性最高的办公楼和第一座达到瑞士Minergie-P-ECO认证要求的建筑。

    这本《绿色建筑细部》的投稿人探讨出了下列问题：木质结构或木质产品的可持续性如何？气候变化对建筑设计有怎样的影响？在阿布扎比沙漠中建造一座零碳城市，你会如何规划？本书封面的设计灵感源自马斯达尔城——一片完全使用可再生能源的城市规划区域。图中所示的是该市中央广场上空的遮阳篷。今年LAVA建筑事务所将在广场附近建造一片综合性建筑群。同时，马斯达尔城也遭到了外界的批评，说它是一项"漂绿"工程。批评人士称，该市的建筑造价太过昂贵，所选材料也极罕见，完全不符合可持续性的要求。支持者在解释这一问题时指出，作为可持续性技术的检测实验室，该市将促进先进技术的开发，日后所有人都将从中受益。正文中将介绍这座先驱城市背后隐藏的各种不同工艺技术，并在"背景"部分介绍这些技术是如何与该市的能源理念相融合的。除了《绿色建筑细部》之外，我们还在自己的网站上定期向读者提供最新的可持续性建筑信息。您只需登陆www.detail.de/english，点击"绿色"标签即可。

Jakob Schoof

炒作或未来展望？
"从摇篮到摇篮"理念在荷兰的发展情况

Anneke Bokern

1

2

马斯特里赫特举行后，麦克唐纳和布朗嘉特一直奔走于各类演讲和专家组研讨会之间，越来越多的荷兰地方政府和项目开发商邀请他们做自己的顾问。这一切究竟是如何促成的？荷兰林堡省商业法庭C2C项目经理伯特·卡莫（Bert Kaumo）给出了这样一条解释："截止到目前，可持续性仍是一种有价特性……但那些现在就采取明智措施、率先进入该领域的公司将来会享有巨大的先发优势和绝佳的出口产品。"［引自麦克唐纳和布朗嘉特合著的《Die nächste industrielle Revolution（下一场工业革命）》。］C2C理念认为，为了形成一个封闭的循环系统，所有材料都应具备百分百再利用的能力，而不会有丝毫的质量损失。该理论不仅具备生态可行性，更重要的是可以带来可观的经济效益。

受C2C理念启发的建筑

目前在荷兰有若干个以C2C理论为指导建成的项目，它们已经得到了媒体的关注。其中之一是位于阿姆斯特丹的探索工程公司（Search Ingenieursbureau）的新总部大楼。该工程公司的员工们和建筑师乔治·维特文（George Witteveen）首先与布朗嘉特一起进行了一次研讨，在此之

把荷兰描述成一个可持续性意识极强的国家并不确切。当然，想要实现这一目标的长远考虑在当前依旧过度火爆的房地产市场上只发挥着微乎其微的作用。2008年引入的公寓"能源标签"并未得到强制推广，因此无可避免地走了麦城。能源标准只适用于新建项目，寥寥无几的太阳能安装补贴早在推出之后的短短六周之内便已全部申领告罄。而太多的现存建筑仍旧只有一层玻璃表皮，屋顶的隔热性能亦是欠佳。

对上述情况有所了解之后，你会更加惊奇地发现荷兰居然是欧洲国家中将威廉·麦克唐纳（William McDonough）和迈克尔·布朗嘉特（Michael Braungart）提出的"从摇篮到摇篮"（C2C）设计理念推广得最好的一个国家。之所以能在荷兰达到人尽皆知的程度，要归功于VPRO电视台在2006年10月黄金时段播出的纪录片《Afral is Voedsel（垃圾＝食物）》，其中就提到了C2C理念。

从那以后，"C2C"便成了所有荷兰人时时挂在嘴上的一个词。自首场共筑摇篮"（Let's Cradle）"会议于2007年在

3

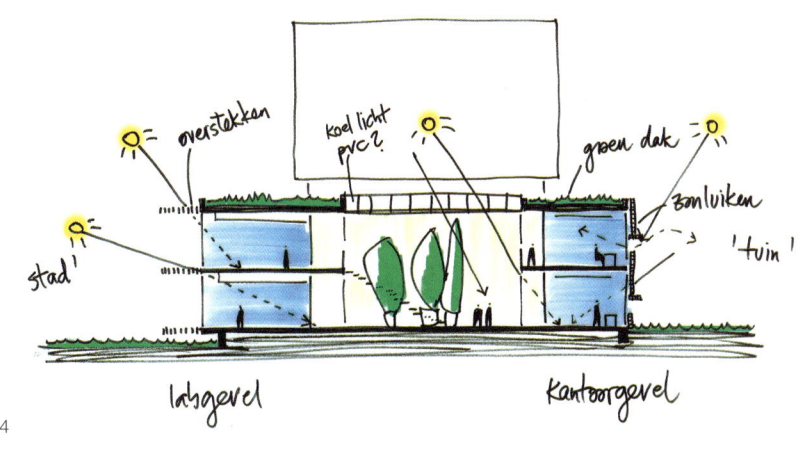

1、2、4　NIOO，瓦格宁根
　　　　克劳斯和卡恩建筑事务所
3　探索工程公司，阿姆斯特丹
　　维特文建筑事务所
5　弗罗拉别墅，芬洛
　　Kristinsson建筑事务所

4

前他们已经合作设计了一座由原木制成的办公大楼，其各部分均可拆分，而且能源配比均衡。探索工程公司还把该项目看作是鼓励供应商开发可持续性材料的一种途径。然而，该建筑本身并没有正式的C2C认证，人们称之为"受C2C理念启发"的建筑。与之类似的一个案例是为位于瓦格宁根的荷兰生态研究所（NIOO）新建的项目，于2010年竣工，是克劳斯和卡恩建筑事务所"秉承C2C理念"担纲设计而成的，但在这些建筑中到底浸润了多少C2C精神却很难判定。

不过，麦克唐纳和布朗嘉特直接参与了荷兰的某些项目——主要是规模较大的项目。如麦克唐纳参与制定了新版"阿尔梅尔（Almere）原则"，制定这样一套城市指导方针旨在促成填海城市阿尔梅尔的可持续性扩张，使其人口从目前的18万增加到2030年的35万。在当地议会工作、负责房屋开发事务的阿德利·杜维斯坦（Adri Duivesteijn）在2006年的时候看到了这部纪录片，便立刻为之着迷。他说："我当时非常喜欢C2C这个想法，因为它很乐观，而且抱有主动进取的态度。相反，大多数可持续性理念都倾向于被动防御。"他当即聘请麦克唐纳做顾问，创立

了七条可以使阿尔梅尔更具环境兼容性的城市发展原则。然而，这些原则的规划方式太过随意。如该原则建议"维持多样化的态势""将城镇与自然结合起来"以及"参与未来发展"。更糟糕的是，该原则目前对开发商没有约束作用。其能否切实投入使用，还是只能单纯停留在美好设想的层面，仍有待考察。

麦克唐纳近来还一直为哈勒默梅尔议会工作。该地的工作于2010年启动，其内容是修建一座114 000m²的可持续性商业公园，号称荷兰首家，其主体规划就是由麦克唐纳设计完成的。为该国南部地区芬洛（Venlo）所做的规划在目标设定上则要更远大一些：为迎接2012芙萝莉雅蝶（Floriade）世界园艺博览会，他们设计了芬洛绿色花园——一片同时还容纳了弗罗拉（Flora）别墅和De InnovaToren这两座堪称C2C样板建筑的展示园区。这些建筑产生的所有废物都将由一种发酵植物转化成能源；而该植物本身生成的唯一废物就是纯净水。而变化更明显的是，在每十年一届的芙萝莉雅蝶世界园艺博览会历史上，将首次出现展会结束之后不把建筑拆除、而是将其转化成C2C园区的情况，并且为迈克尔·布朗嘉特教授添加了一把

崭新的"C2C坐椅"。由于当前的经济危机和缺少投资者，现在这一著名项目的规划方案已然遇到了问题。现在看来，至少弗罗拉别墅还可以修建完工，但可能比原先预想的规模要小一些。

只是沽名钓誉吗？

荷兰大部分的C2C项目要么只是痴人说梦，要么就是与麦克唐纳和布朗嘉特提出的理念只有一面之缘。问题主要出在C2C原则本身的宣传方式上。民众对此的关注度正在逐渐升高。如C2C专家罗杰·考克斯（Roger Cox）和伯特·乐苛（Bert Lejeune）在自己的网站www.duurzaamgebouwd.nl上呼吁，应当尽快建立一个独立的认证机构，并与荷兰政府建立公私合作关系，以确保C2C成功实施。

目前，麦克唐纳和布朗嘉特拥有"C2C"这一术语的版权，而且他们自己颁发相应产品的认证。但这一小规模组织已经无法满足人们的需求。"现在，荷兰的C2C主要是为麦克唐纳和布朗嘉特自己的顾问业务牟利，"考克斯和乐苛批评说，"如果这种现状不发生改变的话，C2C将和可持续性理念一样永远发挥不了作用。"

减排120吨CO_2

Stadthaus Murray Grove in London
Waugh Thistleton Architects, London

或许世界上最高的一座木框架住宅建筑已于过去的几个月在伦敦东部的哈克尼区落成了。作为Murray Grove住宅开发项目的一部分，Stadthaus高达29.75m；该建筑共有9层，其中一层设有商店，另有三层作为社会集合住宅，其他五层都是单独销售的公寓。

除了底座是用钢筋混凝土制成的之外，整栋建筑，包括电梯井和楼梯井，都是用层压胶合板制成的。墙壁和楼板构成了一种类似蜂窝的独立承重框架。所有墙体均具备承重功能，中间不存在轻质隔断墙。只有楼梯是在预制空心钢模中注入混凝土制成的。立面覆以纤维水泥板，颜色由白到黑，这一灵感源自格哈德·里希特（Gerhard Richter）于1999年创作的一幅绘画作品。沃·迪瑟顿建筑事务所认为这座新建筑开创了一个先河——除它之外，在欧洲任何地方都找不到这么高的一栋木质住宅建筑可以获准破土动工。所使用的建筑方法是建筑师们与伦敦Techniker有限公司的两位工程师梅根·耶茨（Meghan Yates）和马特·林格（Matt Linegar）合作得出的。毫无疑问，对英国建筑管理部门而言，这种方法确实足够新颖，目前，他们要把它作为附则收录到建筑规范中。在满足建筑条例中的防火要求方面，该项目采用的方法相对来说比较直接：设计团队在现有的木板上加上一层纸面石膏板，就可以获得耐火时长60～90分钟的等级标准。

根据沃·迪瑟顿的计算，在建筑投入运营约20年的时间中，存在于木框架中的碳元素将以同等含量的CO_2排放出去。因此，在此期间，Stadthaus将拥有良好的碳排放指数。即使把这些预制木构件是从奥地利运来的情况也考虑在内，仍可减排120t的CO_2。有趣的是，客户Telford Homes之所以会选择这种建筑材料并非出于生态方面的考虑，而是单纯地从经济利益的角度出发：建筑师只是陈述了一个事实——相同尺寸的木框架结构与钢架结构相比，制造速度更快、工艺更简单，也更省钱。外壁上的隔热层厚度达70mm，可提供0.27W/m^2K的U值。

在安德鲁·沃（Andrew Waugh）看来，这座新建筑最大的价值在于它将可持续性和成本有效性结合在一起："如果这个项目一开始就打出'绿色'的口号，那它或许会轻易地沦为一件试验品。但Murray Grove的特别之处恰恰在于它是一个需要达到所有住宅建筑常规标准的主流开发项目。而且它达到了那些标准，但采用的却是一种全新的建筑方法。"

极端气候条件下的节能措施

Preikestolen Fjellstue near Stavanger
Arkitektfirma Helen & Hard

Preikestolen——原意为布道台岩石——从里瑟峡湾的地平线上拔地而起600m，最终形成了一片高原，这里的景色十分优美。为了方便游客攀登到岩层顶部，建筑师在峡湾和岩石的中间修建了一座新的山中旅馆。其内部设有28间卧室和1间餐厅/咖啡厅。

Preikestolen Fjellstue从里到外都是纯木质结构：墙体和楼板均采用榫钉连接层压胶合板制成。上层的卧室之间的墙体采用双层胶合板，以此来优化隔音效果。在一层餐厅内，建筑师对木板稍微做了一些调整，这样一来，地面的空间跨度可以达到6m。外墙的总厚度为60cm，其中后加的纤维素保温层占20cm。墙体U值为0.14W/m²K。与被它所取代的那间旧Fjellstue小屋相比，这座旅馆的能源消耗量降低了一半以上，使总值降到了每年111kWh/m²。

一层房间的地热装置与一台热交换器相连，该热交换器从附近的一片湖泊中抽水。此外，建筑内装有一套可调控通风系统，可回收废气中79%的热量。

精彩外形，经济运营

Henderson Community Building in Palm Desent
Patel Architecture, Palm

精彩的外形与可持续性的施工方法是这座新社区中心建筑的主要特色，这里也是位于棕榈沙漠中的加州市商会所在地。这座建筑已经获得LEED金奖标准认证，

它的面积为700m²，由纳兰德·帕特尔（Narendra Patel）设计并建造，属于清水混凝土孔穴保温结构。外墙和屋顶采用钢筋加固的泡沫聚苯乙烯板搭成，施工人员在工地现场为板的两面喷上混凝土。

楼内每年的能源消耗量大约为330 000kWh，安装在屋顶上的光电系统可供应所需电量的60%左右。外墙的U值约为0.25W/m²K。然而，在这种干燥的沙漠气候条件下，更为重要的一点是坚实的外墙应具有保温功能。

在室内，帕特尔建筑事务所同样避免使用覆层或涂层。在建筑施工过程中使用了许多回收材料：混凝土中的飞灰、加固用的回收钢材、窗框中的回收铝材以及地毯中的回收纤维。

在景观园林内（设计者：HSA设计团队），设计师选用的都是一些无需浇灌即可存活的植物。如此一来，亨德森社区建筑就自然地融入周遭原始沙漠景观之中。

白金新生

堪萨斯州格林斯堡的5.4.7.艺术中心
Studio 804, Lawrence / USA

2007年5月4日，一场飓风几乎完全摧毁堪萨斯州的一个小镇——格林斯堡：八人为此而丧生。在重建过程中，市政当局为自己定下了一个宏大的目标：动用公共资金修建的全部新建筑应竭力争取LEED白金认证的殊荣——美国绿色建筑委员会提供的最高认证级别。

在此后的几个月中，5.4.7. 艺术中心（以飓风袭击的日期命名）象征了设计师在重建社区过程中所采取的可持续性战略。这座新艺术中心不仅是堪萨斯州首座荣获LEED白金认证的建筑，它也将是美国首座完全由学生规划建造的最高级别认证建筑。

804工作室就是成就该项目的学生团队，由他们负责艺术中心的设计、预算、材料采购、资金筹集和施工工作。团队中的所有成员均为堪萨斯大学建筑系在读研究生，由丹·罗克希尔（Dan Rockhill）牵头。

对罗克希尔而言，5.4.7. 艺术中心同样是一片全新的领域：一方面，它将是该工作室建造的第一座公共建筑，其中包括一间多功能厅、一间会议室、一个小厨房和一个附属房间；另一方面，为了适时迎接飓风灾害的一周年祭奠，所有规划建造工作必须在四个月之内完成。

艺术中心属于单层、平顶、直线型结构，正好沿东西方向延伸，建在30cm高的基座上。建筑师为整座建筑预制了七种各不相同的木框模块，在工地现场组装，而后装入必要的装置及服务设施。木框模块外部包裹的花旗松来自一间当时正在拆除的废弃美军军火仓库。

包裹在这个立方体结构之外的点支式通风玻璃为现场安装，并固定到钢架上。

位于南侧的大型推拉门通往多功能厅；与钢架和遮阳百叶搭配在一起的立面玻璃覆层可以向外推开，从而形成一个遮阳篷，防止室内温度过高。

根据不同的天气情况，这座新建筑中所用能源的80%～120%采用可再生能源的形式。为了制造可再生能源，建筑师在艺术中心旁边安装了三台风力涡轮机——每台可生产600W的电能，并在栽有植被的平屋顶上安装了一套1.4kW的光电系统。一台地下水加热泵，搭配上三眼60m深的井，可以调节室内温度。

顶级能源标准——Minergie

策马特小马特洪峰上的餐厅
Peak建筑事务所，苏黎世策马特

在策马特附近，位于小马特洪峰的"马特洪峰冰川天堂"是缆车可以到达的欧洲最高观光点。1979年，第一座观光平台在这里落成，20世纪90年代又新添了一家山地餐厅，但很快证明，如此小的一家餐厅无法应对每年约550 000人次的客流量。取而代之的这座新建筑由Peak建筑事务所（苏黎世策马特）和IWISA工程公司依照瑞士的Minergie-P能源标准设计而成。该标准规定，楼内供暖、热水、通风所用的全部能源总量不得超过40kWh/m²a。

这座双层建筑位于一条隧道的末端，

该隧道一端连接着山峰北面的山地火车站，另一端通往南面的冰川。其底座用混凝土现场浇注而成，中间为建筑服务设备留有空间。与此形成鲜明对比的是，上部的两层突出式结构内为爬山爱好者开设了自助餐厅、商店、客房，其在结构上属于预制木框架，铺装有52cm厚的矿棉保温层。南立面呈70°角，目的是让190m²的光电装置发挥最大的功用，该装置属于外部玻璃结合金属通风立面表皮的一部分，旨在保证建筑外壳的密闭性，使其在风速达到300km/h的情况下仍能密不透风。

得益于该海拔所特有的清透空气和反

光折射效应，此处的光电模块比在低地能多产生高达80%的电能。光电系统（额定功率22.75kW$_p$）在全年产生的电能比建筑所用电量要多；盈余部分补给策马特山脉铁路电力网络。这些模块还为立面空腔内的空气采集加热所需的太阳热能。预热后的空气在被导入室内空间之前，首先流入位于下层的热交换器中。热交换器排出气体中的余热由一台光电热泵回收，用做空间供暖之用。

新鲜的水装在水箱中由缆车运达山上。鉴于供水较为费力，因此尽量减少耗水量是非常重要的。方法之一就是对污水进行净化和回收再利用，将中水作为厕所冲洗之用。来自清洁系统中的多余中水则以雪的形式堆放在建筑周边。

高端环保技术

纽约的帝国大厦/法兰克福的德国银行"绿色大楼"

1

括对近6500扇窗户进行翻新，使其从双层玻璃结构变成三层（在现有窗玻璃上安装新组件），并借助一层低辐射薄膜来降低窗户的U值。散热器背后的空间将接受保温处理，并装入一套新的照明系统，配有日光及人体感应传感器。

为了提升有效性，也为了便于管理，现有的制冷设备将全面进行现代化升级。将来，空气处理系统将由用户自行掌控，而安装上能源管理系统之后，用户将对自己的能源消耗情况有更多的控制力。一旦上述工作完成之后，这座大楼的预期能源消耗量将降低38%。

在德国，德国银行正忙着使位于法兰克福的双子摩天楼（图2）变成绿色建筑。该项目计划于2010年夏季竣工，届时供暖能耗量将降低67%，CO_2排放量将降低55%。为了实现这一目标，建筑师采取了一系列措施。新改造完成后的三层玻璃板可以削减掉2/3的热量损失以及1/3的热负荷。

建筑师计划将一半的窗户改成可开关的模式（图3），这就意味着机械通风系统要保证每小时只做1.5次空气交换，而不是目前的6.5次。其结果是采用更细的管子，从而降低能源消耗量。供暖和制冷系统的规模也正逐渐缩小：两套分离式系统将被一套单独的复合式系统所取代。热量借助传热混凝土楼板扩散到各处。

以上各项措施均会带来若干项有益的

2

影响：因为吊顶已经变得没有必要了，所以房间的净高从2.65m上升到了3m。而且由于精简了机械系统，约有800m²的空间被释放了出来，可转换为会议室。

办公室同样得到了重新设计，由来自米兰的建筑师马里奥·贝利尼（Mario Bellini）负责，其目的在于将现有可用空间的面积扩大20%。设计还引入了利用雨水和中水的系统，目标是使双子摩天楼内的耗水量降低43%。

此外，在翻修过程中产生的所有废物中的98%将得到回收再利用——相当于从垃圾填埋场挽回了8500t的材料。同时，30%的室内装修是用回收材料制成的。

大型高层办公楼的业主们往往不得不在形象和成本之间寻求一种平衡。同样的限制因素和考察因素在几十年之后的今天同样适用，因为现在是使这些建筑达到现代的节能标准的时候了。来自高端翻新工程市场的两个极品的案例就是纽约的帝国大厦和法兰克福的德国银行双子摩天楼。

帝国大厦（图1）的升级工程大约花费了5亿美元，而其中的一小部分——仅有2000万美元——是用在改善节能技术方面。而且今后每年可以在能源开支方面节省出约440万美元，所以业主不到五年的时间就能收回成本。

项目团队考虑过60多种独立的方法，并从中选出了8种最经济的方法。其中包

3

帝国大厦	
建筑时间	1930~1931年
建筑高度	381m
委托人（翻修）	Wien & Malkin
项目团队（翻修）	克林顿气候行动计划、落基山研究所（顾问）、仲量联行（项目负责）、江森自控公司（能源服务）
（总）建筑面积	231 800m²
总成本	5亿多美元
能源改造成本	2000万美元
能源节约量	能源消耗量降低38%，约7000t CO_2/a
计划竣工时间	2013年底
认证	LEED金奖（目标）

德国银行"绿色大楼"	
建筑时间	1979~1984年
建筑高度	155m
委托人	德国银行
项目团队（翻修）	彼得·贝希托尔德（Peter Berchtold）工程公司（能源系统、空气处理）、马里奥·贝利尼（建筑师）、德国gmp建筑事务所（总建筑师）
（总）建筑面积	120 000m²
总成本	约2亿欧元
目标	供暖能耗降低67% 电能消耗降低55% CO_2排放量降低55% 用水量降低43% 5800t CO_2/a
竣工时间	2010年夏
认证	DGNB金奖（预认证）

论生态模范城市的可持续性

Zira Island, Baku, Aserbaidschan/Architekt Bjarke Ingels I Eco City Montecorvo Logroño, Logroño, Spanien/Architekt MVRDV/ GRAS I Masdar, Abu Dhabi/Architekt Foster + Partners

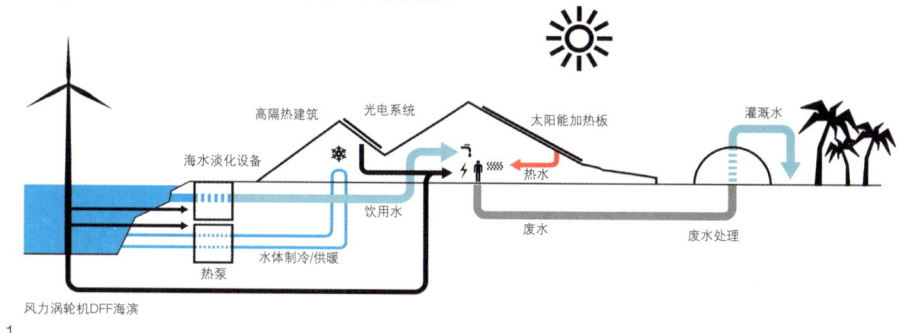

1

一块蜿蜒的建筑区域——其布局方式使人想起勒·柯布西耶为巴黎郊区的Algers Alliaud和Emile Alliaud设计的大型开发项目所选的规划方案之一——顺着西班牙La Rloja葡萄种植基地内的Montecorvo山和La Fonsalada山的地势盘旋（图4）。虽然从某些形式方面能看到20世纪40年代～20世纪70年代的影子，但MVRDV建筑事务所在Logroño北部修建的这片新区域有能力成为未来城市建筑的先锋典范。

依照社会住宅建筑指导方针修建的这3000个住宅单元并不是单纯地分散在整片场地上，恰恰相反，由于排列紧密，这些住宅只占整个区域的10%。安装在建造群落下方公园内的光电板和上方山顶上的风力发电装置都是为了保证在提供能源的同时达到零碳排放的目标。

这一设计使Logroño Montecorvo成为众多"生态城"中的一例。目前，在世界上的各个地方都在筹划建立这样的城市。

2

3

建筑师将其设计理念概括为"高标准生活，低能源消耗"。热泵从海水中汲取能源。此外，太阳能板、光电采集板和靠近岸边的、由钻井平台改装而成的风力发电机也可以提供能源；资源的循环使用和废水处理可以尽量减少资源的消耗。

毫无疑问，将豪华公寓、小艇停靠区和休闲度假胜地三者结合在一起必然会导致极大的问题，而这一问题的根源就在于房地产行业的探索精神。换言之，如果不采用这种住宅区模式，那么与任何一种可持续性设计装饰相比，这种设计的生态特性都会更加突出。这与马斯达尔"生态城"相似，该项目目前正由诺曼·福斯特在阿布扎比以东30km的沙漠地区内修建（图4）。将来，50 000名住户将生活在这座布局紧凑、没有汽车出入的城市内，其城市结构的基础是传统的阿拉伯村落样式，未来将有1500家公司落户于此。无论何时，可持续性的概念都是构成整个经济的基础，而且一所大学也将投身到这一极其复杂的项目之中。能否真正在如此大规模的住区内——该地区面积达6km²——实现这一目标仍有待观察。

在这样一个气候不断变化的时代，依照可持续性标准做城市规划已经成为可能。然而，人们必须保持警惕，"生态"这个头衔并不单纯是一种润滑剂——可以使过度膨胀的城市规划方案更加轻松地溜过政治决策者的指缝。

济拉岛度假地是丹麦BIG（Bjarke Ingels Group）在里海巴库湾紧靠海岸线的位置上规划建设的一个项目，该项目就是这样的例子（图1、图2）。他们计划在1平方公里的范围内建造七座住宅山——象征阿塞拜疆地区最有特色的七座山峰。

4

应对气候变化的建造方式
——全球变暖及其后果

Peter Werner, Elke Chmella-Emrich

人们对以下观点已不再怀有严重的质疑：我们现在所熟悉的气候条件在未来几十年之内将发生根本性的变化。针对中欧地区，人们做出了如下预计和推测：

· 年平均气温升高，并伴随着夏季热浪以及暖冬天气更加频繁的发生

· 降水模式变化，转向夏季多干旱、冬季多降水的情况

· 暴雨增多

· 冬季暴风雪状况增多

· 伴有冰雹、暴风雨和强风的异常降水情况或风暴情况出现更频繁

这些变化究竟会带来怎样的影响呢？如到2100年止，德国的年平均气温将上升大约3℃以上，这种变化——从气候上讲——将把柏林的纬度再向南移动7°。该市将体验到米兰目前的气候状况。同时，在德国的某些地区，夜间温度维持在20℃以上的天数将增加七倍，这就意味着许多人会睡不安稳，甚至是失眠。

2003年的夏天对许多人来说记忆犹新。对那次热浪的影响有各种猜测，在法国造成的死亡人数估计为35 000左右——根据运算模型的不同会有所浮动——德国为3500～7000人。德国的巴登–符腾堡受影响最严重，科隆在此期间的死亡人数估计比正常条件下上升了17%。针对法国死亡人数所做的一项分析中提出了以下几点与建筑结构有关的诱因：受影响最严重的是那些住在建筑顶层和隔热性能较差的房子（大多建于1975年以前）中的人，而且，2003年来自办公室职员的投诉数量也出奇地高，他们不得不忍受工作环境中的强太阳辐射和高温。已经证实，当温度高于30℃时，人的思维表现和行为表现都会变差。在英格兰，现在已经有人讨论是否应该对建筑业的夏令工作时间做一些调整，将午休时间延长，把体力消耗较多的工作安排在清晨或晚间。

在今天看来，2003年的夏天是一个极端案例，但在将来，此种夏季天气情况会变得相对正常。看看现在偶尔发生的极端天气状况就可以预见到未来的情况，如风暴（有些造成了几十亿欧元的损失）和强降水（如雹暴）。此类分析对于我们在今天预测未来可能发生的后果而言非常有价值，而且最重要的是可以让我们研究出适当的应对措施。

建筑实践必须改变吗？

如果在一座建筑的生命周期之内，气候条件发生大幅度变化，那么该建筑将无法继续提供住户所需的室内条件。而且如果这些气候变化对建筑的外表皮或承重结构造成了直接或间接的损害，那将会带来严重的后果，最糟糕的情况就是整体坍塌。

中欧地区的情况相对较好，可以根据气候变化调整建筑标准。一方面，广泛性的建筑规章已经投入使用，其中某些规章在特别地区有具体应用（如面临暴雨或暴风威胁的地区），另有一些建筑标准涵盖了各种现存的及可能出现的气候影响情况。另一方面，我们对那些将各种不同区域条件考虑在内的建筑传统比较熟悉。在英国，有关冬季暴雪对建筑所造成损害的区域性分析结果表明，将气候因素考虑在内的传统建筑惯例是非常有效的。

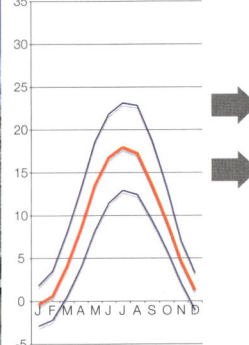

柏林
52°31'N

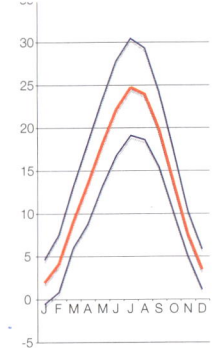

米兰
45°28'N

1

1 截止到2100年的气候变化：平均气温上升3℃的话，柏林的气候条件将更趋近于现在米兰的情况
2 世界自然灾害地图，Munich Re Group
红：地震；绿：飓风
此外，下列威胁预计会在欧洲出现：
热带外气旋风暴加剧（北海）
海平面上升的可能（北海）
热浪出现更为频繁（法国南部）
干旱现象增多（南欧）
大雨现象增多（斯堪的纳维亚、德国）

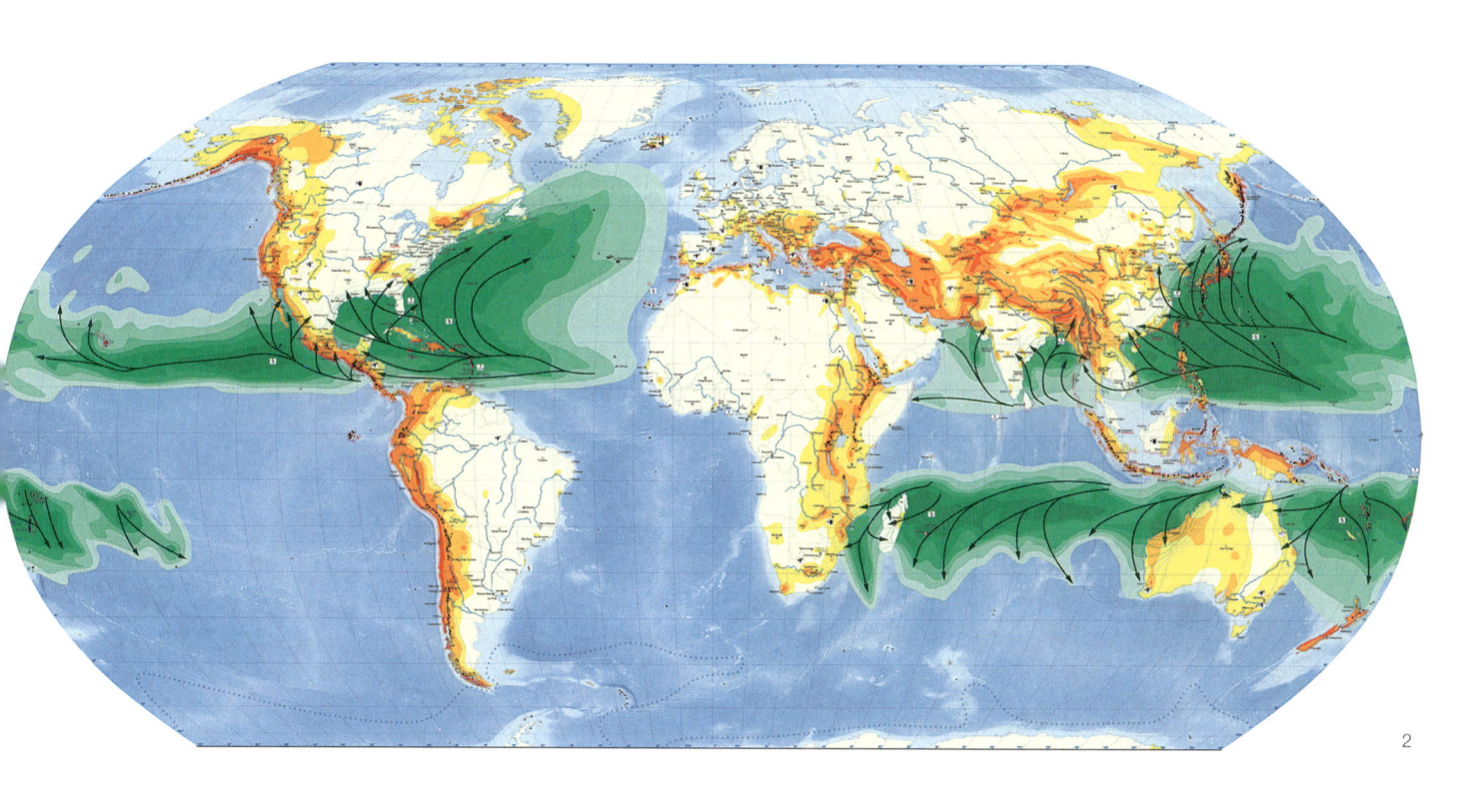

2

在苏格兰，因风速过高所造成的损失比英格兰南部地区要小得多，英格兰南部地区的百叶窗、卫星天线、窗户和屋瓦受风暴损坏的情况更多。在苏格兰地区，预防此类损失有一些简单的方法：增加建筑构架重量、采用具有防护功能的屋顶、安装防风装置、利用防风雨玻璃窗夹加固屋瓦。

重新采用传统区域性建筑工艺是应对气候变化的方案之一吗？旧建筑惯例固然能很好地适应各种地面情况、建筑材料以及当地的气候条件。可显而易见，从那时到现在的经济情况、建筑工艺以及我们所期待的舒适度都发生了相当大的变化，简单地对这些旧工艺做一些调整根本不具可行性。但承载着传统建筑工艺的那些原理仍然是有效的，在我们努力调整现有方法以适应气候变化的过程中，我们可以从这些原理中学到很多。比方说，我们能学会避免长途运送建筑材料、挖掘建筑设计中的节能潜力和充分利用本地能源。

建筑项目启动伊始，我们就应当以预期的气候条件为依据选择建筑构架、材料和设计方案。而且这些选择还应当对选址有所

影响。我们要更关注工艺的选取——成熟的、久经考验的材料和结构应当优先考虑，维护成本低、翻新友好型的系统也是一样。对建筑外表皮做定期检查是至关重要的，这样做有助于防止暴雨或风暴侵袭下造成的一些可以避免的损失。一项特别的挑战是如何应对我们可以预见的热浪情况。当下的建筑趋势正在加剧这一问题。近些年来，窗户在建筑外表皮上所占的比例已稳步增加，因此，夏季时空间所要承受的太阳辐射量也相应有所提升。出于这一原因，现在有更多的人在考虑是否应当限制办公楼和住宅楼的窗户面积。

有些人认为安装小型空调装置不失为一种"解决方案"，如这几年在意大利和希腊流行的那种。最近它们已经开始流入德国了。无论是从用户的舒适度，还是气候保护角度考虑，这种方法都不值得推荐。而且这种设备的能源效率非常低。意大利安装的设备数量在2000～2004年从4万增至1000万。

与此形成鲜明对比的是，许多建筑实例的设计理念是要保护住户免受夏季高温和冬季热量流失的困扰，这都要得益于恰当的

3　可持续性调整策略：迪拜的风塔
4　非可持续性调整策略：安装在日本公寓楼上的小型空调装置
5　2004年7月热浪入侵东亚地区时的卫星照片，由于热岛效应，大城市（如东京）的温度比周围地区高出10℃
6　中欧地区的气候变化：预期效果、首要问题及调整策略

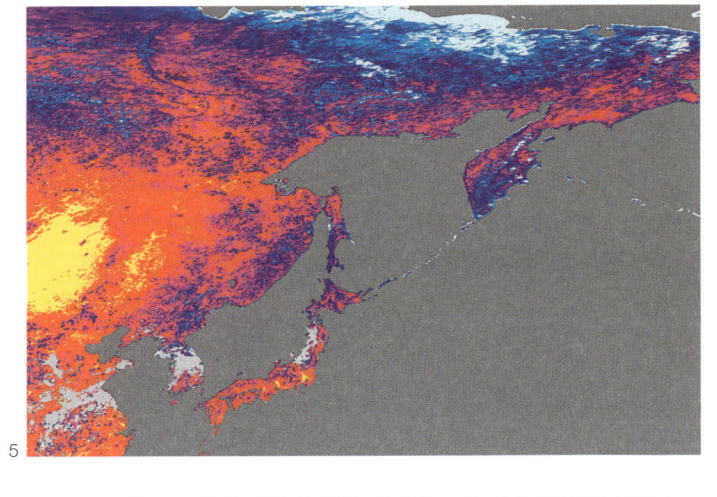

5

3

4

外表皮设计（窗户面积/窗口朝向、外置遮阳板、太阳能玻璃、蓄热器、反周期隐形蓄热器）和智能技术（如夜间通风系统、冷却地板、地热交换器）。

尽管对夏季高温期有诸多考虑，我们必须记得未来仍然会有一年四季，其中冬季的持续时间绝不会比预期的高温时间短。因此，防止冬季的热量流失仍然是一个问题，相伴存在的还有被动汲取太阳能的问题，如通过窗户表面。

当然，气候变化及其影响同样会对现有建筑产生影响，而这些建筑没那么容易适应不断变化的条件。某些地方性因素（如坡状场地、具有明显沉降特征的地块）和某些类型的建筑（如历史性建筑，尤其是半木质结构）会受到潮湿冬季气候的极大影响。人们有必要创建一些适当的监控系统，以便采取适当的措施来预防损失。

前瞻性规划

对未来的建筑实践及法规而言，上述发现意味着什么呢？在现有建筑标准的基础上辅以适当的前瞻性规划和建构，与气候变化相关的大部分问题（包括那些日后才会出现的问题）都能得到妥善的解决。在新建筑中实现这一目标比在现有建筑中要容易。

然而在某些部位（如窗户、立面覆层、空气处理系统），对现有规划进行调整或者订立一些新的规则都是有必要的。其中包括更严格限制可用玻璃表面面积和为立面设计制定相关规则，其目的在于控制市中心建筑对长波热辐射的反射率和吸收率。

另一方面，某些现存的规定正发挥着反作用：某些地区的地表水或许无法进入排水系统中，不得不渗透到地下，形成地下水。如果遇到冬季降水，土地已经达到饱和，无法吸收更多水分的情况，这种设计会导致严重问题。随后出现的大雨可能造成水灾。

在建筑规章方面，人们应当更多地考虑到未来的气候变化。通过从当前正在观察的极端天气状况（如热浪）中汲取知识，我们可以寻求到足够的保护，因为此类状况在将来会出现得更为频繁。另外，我们还可以建造一些生命周期为20年、可以适应未来气候变化的建筑。

地方政府的规划活动（如分配建筑用地）和开发商的需求都将必须适应时时更新的环境观察和生态威胁分析结果。其中一种方法就是增大所有建筑业人士的信息获得量。提升开发商的气候变化意识是一个关键方面——因为归根到底决定建筑质量的人是客户。近期的推广活动只取得了有限的成绩，高能源效率的建筑在市场份额争夺战中依旧进步缓慢——所有迹象都表明，我们任重而道远。

彼得·维尔纳（Peter Werner）是达姆施塔特市建筑与住宅研究所（Institut Wohnen und Umwelt）的一位生物学家。

Elke Chmella-Emrich，建筑师，是凯泽斯劳腾市 Evers＋Partner（花园和景观设计以及城市规划）的共同所有人。

气候因素		气候影响	受影响的建筑功能及组件	调整需要	紧迫性
温度		夏季气温攀升，高温时段延长	外围护结构： ·外墙、屋顶、窗户	舒适、健康的室内气候条件的达成方法： ·隔热处理、调整窗户玻璃大小、遮阳措施	高
			建筑系统	通风系统、空调系统	高
降水		大雨情况增多 （暴雨，>40mm/24h）	外围护结构： ·屋顶、外墙、与地面相连的组件、基座部分、地下室	防渗漏、防潮： ·防水密封、排水系统	高
		强雹暴情况增多	外围护结构： ·屋顶、立面、窗户	抗压、抗断强度	局部区域高
		短期内，积雪量增加	外围护结构： ·屋顶	雪荷载强度	未来几十年间，局部区域高
		地下水状况变化	地面组件： ·基础、地下室	稳定性 防水密封	整体上低 特殊区域内可能高
风		冬季强风暴情况增多	外围护结构： ·屋顶、外部装置（卫星天线、遮阳板、藤架）、立面覆层	屋顶抗风装置和外部装置，其中一部分也是立面抗风装置	中－高
		局部飓风现象			中－高
湿度		在潮湿温暖的冬天湿度增加	对潮湿敏感的组件	结构性保护或表面保护	目前较低
			木质结构，历史悠久的建筑材料		可能高
日照时间		夏季辐射	光敏组件和外围护结构建材	避光、防紫外线	低

向马斯达尔城学习?
如何规划零碳城市

马提亚·舒勒（Matthias Schuler）专访

舒勒先生，在您的帮助下，目前阿拉伯联合酋长国正在筹划兴建马斯达尔城——一个零碳城市规划项目。您具体会如何操作——其中会涉及哪些理念和组织呢?

建造马斯达尔城的总体规划源自2006年10月举行的一次竞标。其设计规划书是我整个职业生涯中看过的最宏大的一份，而且从后期的开发行为来看，委托人绝对会矢志不渝地实现这一目标。尚在设计竞赛期间，以福斯特及合伙人事务所为主导的项目团队就已经组成了——其中包括建筑师、能源及基础结构顾问、建筑工艺及太阳能系统专家、运输规划及景观设计工作室。该团队的首要任务就是明确我们的概念：马斯达尔城将成为一座零碳城市，但这一界限究竟要如何划分呢? 最终，我们决定在建造城市的整个过程中始终如一地追求零碳目标，包括市区范围内的供水、废物处理及所有交通运输方面。我们将建材生产过程及客户产品供应过程中的CO_2排放量排除在外，但我们把与城市废物排放有关的CO_2计算在内了。这些废弃物中的80%得到循环再利用，20%被焚化掉了。我们使用输入电力系统的太阳能剩余部分来弥补燃烧产生的CO_2。

马斯达尔城的能源供应体系是怎样的?

客户最初的想法是营造一座能源完全自给自足的城市。但我们设法说服了他，让他认识到连入电力系统的重要性，因为我们

无法在6 000 000m^2的场地上积蓄起具备一定规模的电力资源。我们得出的一项确切结论是，在正午时分出现的太阳能"电力峰值"大约为150MW，刚好可以满足用电高峰时段的需求。

我们的设计理念并非是在整个项目场地上都排满建筑物，而是营造出轮廓清晰的开放性空间。在这些区域内甚至都不应出现任何一座太阳能发电站。这就意味着基本上我们只能利用建筑的屋顶区域做太阳能转化之用。等式的另一端则是建筑的能源消耗。考虑到目前阿布扎比新建筑中所施行的能源有效性标准，即使你把整个场地都铺上光电板，也无法满足该市能源需求量的一半。鉴于这种情况，我们制定了一套三步式战略：首先减少建筑物的能源消耗，进而优化供应系统，最终用可更新能源满足余下的需求。为了实现零碳目标，马斯达尔城新建筑的能源消耗量和水消耗量都必须比当前阿布扎比地区的标准降低80%。

马斯达尔城将建在一片气候条件极端化的地区。在设计制冷和通风系统时您会如何应对?

阿布扎比地区不仅非常炎热，而且非常潮湿，这是因为波斯湾的大部分水域只有30m深，因此到了夏季水温可以达到32℃。白天，阿布扎比地区的风主要来自西北方向，起自海上。从空气处理设计方面考虑，将这些热风挡在街道范围之外是非常重要的，充分利用夜间的风为城市降温也是非常关键的。因此，总体上说，呈东南－西北走向的街道只有75m长，因为你会发现，如果街道再长一些的话，风就开始"降落"到街道范围内了。不过，朝向东北方的街道就可以延伸得很长。此外，两个狭长形的公园贯穿了整座城市，带来了东边的新鲜空气，从沙漠那边流到市中心，尤其是在夜间。白天这些公园中的绿色植物通过蒸发作用带来一定的冷却效果。让城市比周围地区凉爽的另一种方法是以全新的方式利用阿拉伯风塔。它们通常被用来为建筑物提供凉爽、新鲜的空气，因此，它们会被在夜间打开，白天关闭。在我们的设计中，这些风塔位于仅有75m长的街道西北端。白天，它们为这些街道遮阳，夜间它们将凉爽的空气（夏季温度约为30℃）从高处送到街道上。

在阿拉伯联合酋长国这样的沙漠国家，水是一种稀缺资源。这种情况会给设计研究过程带来怎样的影响?

所有使用的能源，如海水淡化和水处理过程中所用的能源，都包括在我们的碳运算列表中。此处的目的同样是首先要减少水

马提亚·舒勒毕业于斯图加特大学工程专业。他是位于斯图加特的德国超日工程技术公司的创立人、合伙人兼CEO，也是哈佛大学设计系研究生院的环境技术兼职教授。

的使用量：每天每位马斯达尔城居民可得到100L饮用水和100L中水。这一标准比目前阿布扎比居民的消耗量——每天500L——要低出许多，但比德国的要高出许多，德国居民目前每人每天可使用约160L水，这既包括家庭用水，也包括工作用水。

您如何保证计划中设定的能源目标日后能变成现实？

我们已经制定了四套指导方针，对不同层次的措施和主题都会产生影响：城市规划、建筑的能源有效性、机械安装与服务和用户行为。第一级别的指导方针对城市规划进行规范，即街道布局及走向、开放式空间和街道的模式。在街道层面上，目前街道的宽度为7m；在屋顶层面上，建筑物之间的距离只有4m。这就意味着建筑物必须依赖庭院获取日照光线。这一原则同样适用于该地区的历史古城——街道狭窄，但内庭相对宽敞。我们所做的一切都是为了改善"城市热岛"效应：在像东京这样的城市，中心区温度可能比周围地区的温度最多高出10℃。在马斯达尔城恰恰相反，我们想让市中心的温度比周围沙漠的温度低5℃。为了实现这一目标，我们降低了建筑物的制冷负荷，并使其得以高效运作。

我们所订立的指导方针中的第二个级别将对建筑物本身产生影响：它们的深度，庭院和窗户的大小（同样，从底层到顶层，窗户的大小会逐渐变小），对遮光板、隔热标准、玻璃外墙以及所用建筑系统有效性的相关要求。

指导方针的第三个级别涉及建筑的设备，即冰箱等装置必须达到欧洲A++认证标准的要求；照明系统的耗电量不得超过7W/m²，而且办公室内不得使用台式电脑（因为它们会生成热量），只能使用笔记本电脑。第四个级别大概是最难实现的——用户必须了解他本人要对自己公寓内的能源消耗情况负责。把空调温度设置为24℃～26℃而不是18℃～20℃，在能源消耗量上会产生很大的差别。关键问题是要让住户接受自身行为中的这种变化。为了实现这一目标，我们寄希望于鼓励措施，而不是规定。我们将采用逐级递增的电费模式：消耗量越大，每千瓦时的电力价格就越高——而不是越低，正如在大多数欧洲国家那样。此外，通过向用户通报他们的能源消耗量，我们希望可以促使人们更加节约。

马斯达尔城的预期投资额是多少？

目前项目的投资额设定在220亿美元左右，其中30%～35%的资金都与零碳目标直接相关。这笔额外的投入将在30年内自行

收回。由安永会计师事务所所做的计算结果显示，如果我们预计能源价格将从目前的每千瓦时6美分上升到12美分，而且在这30年间，CO_2排放量的减少将在碳贸易中带来额外的收入，那么这种设想是可以实现的。

许多国家为整个城市区域制定了认证系统。谁会从这些认证中获益，迄今为止有何经验？

这些认证对地方政府的裨益最大。利用这些认证，地方政府可以为新的建筑项目、工程的翻新和现代化过程订立统一的标准，此后投资人和项目开发商都必须遵照这一标准行事。创立出LEED-ND之类的认证体系是正确的，而且是非常重要的，因为尤其是大规模的建筑项目，其可持续性潜力相当巨大——如在中央供暖制冷或者热电互生方面。但这些认证无法简单地应用于各个地点。我们必须时刻考虑到当地的条件——如在阿拉伯湾，以谨慎的态度利用水源是无比重要的。

另外，人们还必须记住，这些认证系统均无法保证良好的建筑质量。后者只能通过聘请优秀的建筑师和城市规划师来实现。

1 马斯达尔广场，阿布扎比的中央建筑群，LAVA建筑事务所与德国超日公司及迪拜的Kann Finch合作设计。
2 马斯达尔城鸟瞰图。一条地铁线路将该区域与距此25km的阿布扎比市中心连接在一起。
3 获得LEED-ND认证的试点项目：匹兹堡的Parc河，Behnisch建筑事务所与德国超日公司合作设计。

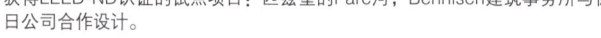

3 埃伯斯瓦尔德的保罗–翁德里希–豪斯办公楼

城市复兴

1

这是第二次世界大战最后几次空袭中的一次，也是一次自我毁灭行为：1945年4月25日，德国空军横扫柏林东北部50km处的埃伯斯瓦尔德市中心。从此这个地方就变成一片巨大的废墟，从市集广场一直到玛丽·玛德莲（Mary Magdalene）教堂，足有30 000m²。60年来这座城镇一直没有能力重建这个区域，直到2001年巴尔尼姆（Barnim）地区的行政部门才决定着手重建这片区域。以前，区议会和议会各部门分别占用8栋不同的建筑，现在它们同在一个屋檐下，都设在市集广场的一栋新大楼里。项目主管卡尔–海因茨·阿布曼（Karl-Heinz Abmann）评价说："这是迄今为止所有建筑场所中最棘手、最昂贵也是最困难的地方。"首先，保罗–翁德里希–豪斯需要从46位不同的土地所有者手里获得这块新建筑的用地。随后，在一次全欧建筑设

计竞赛中，建设一栋可持续建筑最重要的几条准则几乎全被推翻，包括：底层的行政区域和（较小的）商业单位混合使用；设公共出入口；高能源效率；弹性空间理念，允许议会中每个单独的行政部门自行决定办公室的布局。空间设计包括四个部分：带有一间60人会议室的区议会和附属行政单位；第一行政部，包括行政中心、财政部、人事部门和电脑工程部；第二行政部，包括社会服务部、卫生部和青少年部；第三行政部，包括商业发展部、规划部、建设部和自然保护部。

GAP建筑公司脱颖而出的设计之所以吸引了竞赛评审团，是因为它把巨大的立体空间设计项目与埃伯斯瓦尔德这个地区古老的小规模开发项目结合了起来。

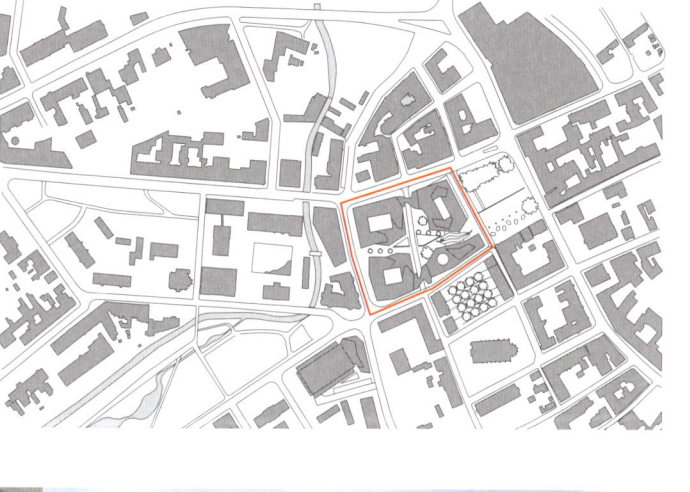

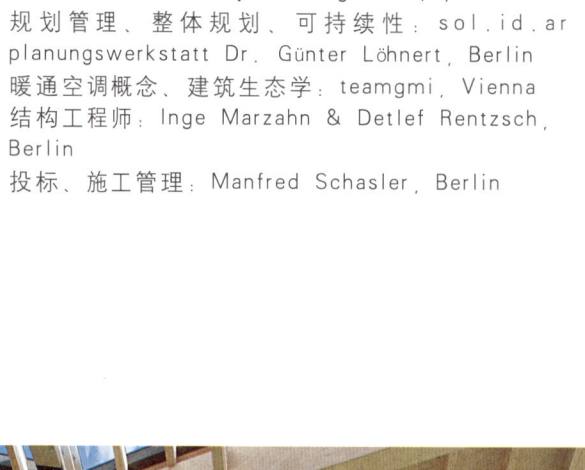

建筑师：GAP建筑工程管理公司 (Gesellschaft für Architektur und Projektmanagement)，Berlin
规划管理、整体规划、可持续性：sol.id.ar planungswerkstatt Dr. Günter Löhnert，Berlin
暖通空调概念、建筑生态学：teamgmi，Vienna
结构工程师：Inge Marzahn & Detlef Rentzsch，Berlin
投标、施工管理：Manfred Schasler，Berlin

2

3

4

1 鸟瞰图（合成照片）
2 第三行政部，外景
3 门厅，内景
4 剖面图，比例 1:750

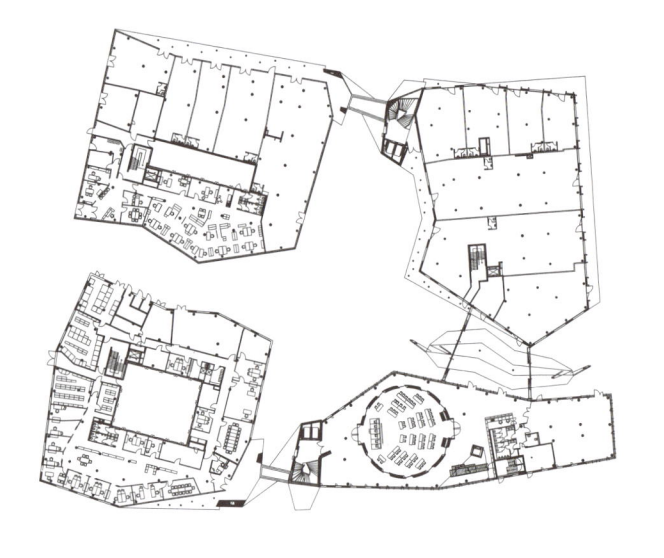

5

6

设计师创造了四个建筑体量，它们与市集广场外带玻璃顶的入口大厅以及南北两边各一个的警卫室连接在一起，形成一个U形。建筑场地的中心是一片安静的公共空间，行人可以自由穿行。第五栋建筑位于西南角接合处的另一侧，其中包括一个供员工使用的多层停车场以及车辆登记部门的办公室。四种各不相同的立面由两种材料制成——石膏和纤维水泥，而且颜色各异，以强调这个建筑综合体的内部划分。白色、灰色和无烟煤色为主色调；只有第一行政部的大楼窗框是深红色的，形成了色彩上的强烈对比。

带会议室的大楼稍微探入市集广场的一端。内部的休息室和圆形会议室都镶着大片玻璃，看上去庄重大气，正好符合大楼作为政治文化公共论坛的意义。大楼的房间里陈列着约300件保罗·翁德里希的作品，这位艺术家1927年生于埃伯斯瓦尔德，现居汉堡。这些藏品由两位当地艺术品收藏家收集并捐献。因为这对夫妇希望能在这里，通过这座城镇最出名的人物和他的作品让人们了解埃伯斯瓦尔德。

GAP建筑公司特别关注建筑之间的连接处：具有保护作用的门口在与之相连的各行政部门之间形成了纵向交流。会议室大楼和第一行政部的接合处有一个四条腿的木框架结构，建筑师托马斯·韦伯（Thomas Winkelbauer）形象地称之为"动物"。各个行政部所在大楼的进深都相当大，因此就依靠增加中庭部分来采光，还可以充当气候缓冲器。三个中庭的内部立面和屋顶都采用不同类型的玻璃，产生了三种截然不同的气候区。这些区域的

5　一层平面图，比例 1:1500
6　会议室，内部视图
7　具有可选格局的办公室理念
8　二层平面图，比例 1:1500
9　中庭，内部视图
10　剖面图，比例 1:750

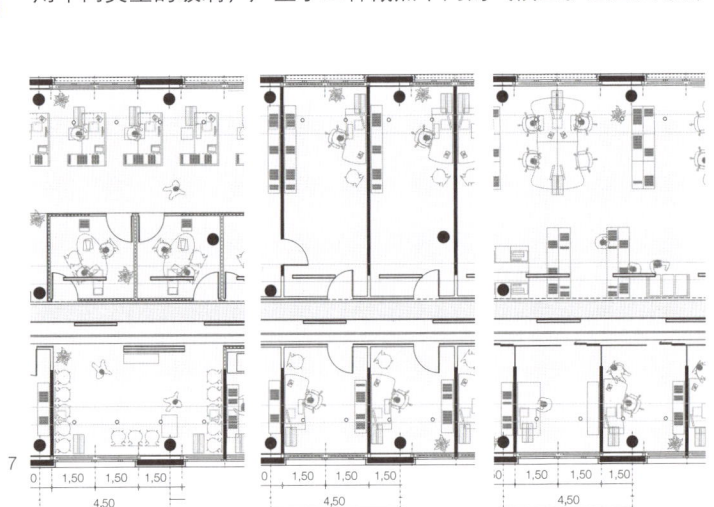

7

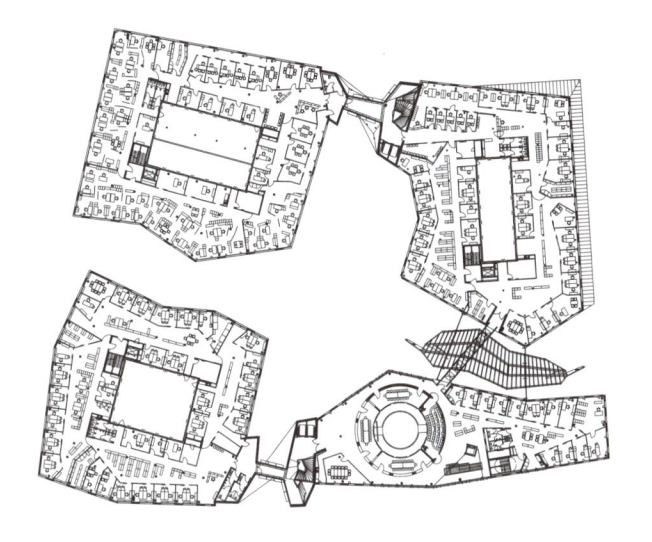

8

环境理念：
使城市中的废墟获得重生｜带有纤维素保温层的木板式结构｜热活化蓄热介质｜传感自控夜间通风装置｜地热为唯一的供暖和制冷来源｜日照率平均值0.9｜高效的人工照明装置｜可单独控制的散热器｜可单独打开的窗户

能源效率将随着大楼的进一步运行而得到监控。

办公区的面积比例都按照既能发挥它的功能又能使使用者感到舒适的原则进行设计。办公室净高为3m，根据工作场所设计准则这个高度足够了，也可以实现500m²的开敞式平面布置。窗户被隔开，使距窗户2.5m的地方能达到2%的日照系数。每个办公地点的独立式照明灯都具有最少300 lx的照明强度。它们的开关由光线条件决定，也可以由使用者单独控制。窗户内侧的百叶窗可以提高夜晚光线的亮度，防止电灯光线"消失"在黑暗里。

在设计阶段，设计师必须证明以下四种办公室结构无需适应建筑技术就能实现：供一到两个人用的办公室；可容纳几个人的办公室；大型开敞式办公室和带有供客户谈判的"联络室"的开敞式办公室。这些房间可以根据员工需要预定使用。每个办公室都由从地板到天花板高的清水墙隔开，墙上没有开口，但办公室与公共区域和走廊之间有玻璃隔墙连接。

最初的怀疑之后，埃伯斯瓦尔德的居民开始接受这座新建筑。建筑师成功地将生机注入这个城市的核心部分。那个新建的大会堂本来是给区议会设计的，供其每年召开四到五次会议，现在被第三方租用了，每年要举办200多个不同的活动。零售区域甚至在建设开工之前就卖完了。而且，委托方还对额外的购买力普遍感到满意，不仅因为在这座新综合建筑里工作的550名员工，还因为每天有超过1000人次的观光者涌入这座城市。

9

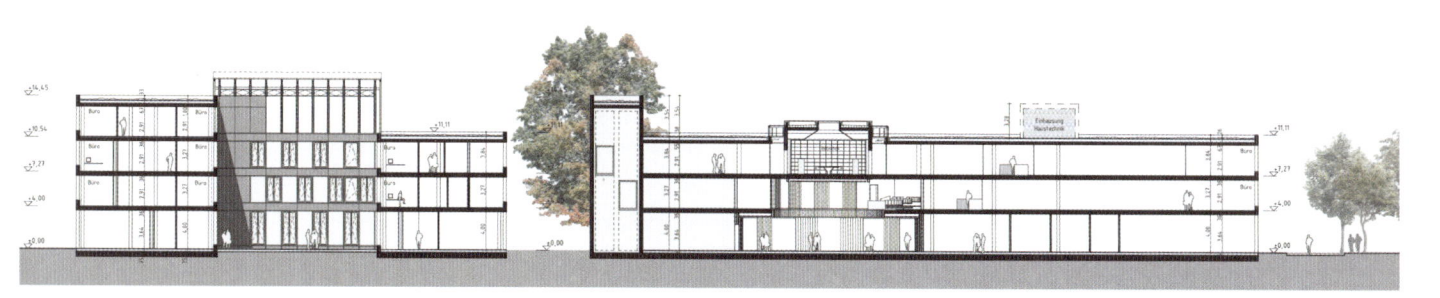

10

小概念，大影响

Günter Löhnert, Thomas Winkelbauer

1　典型的现有建筑和保罗–翁德里希–豪斯的建筑能量消耗的对比（初级能源和终端能源）
2　能量概念（剖面）
3　巴尔尼姆地区的可再生资源概况
4　穿过一、二层立面的剖面图，比例 1:20

2009年1月12日，有16栋行政和办公建筑在试验阶段获得了德国耐久性建筑证书。埃伯斯瓦尔德的保罗–翁德里希–豪斯办公楼在认证中取得了最高分（1.18，按照德国学校的分数制，1代表高分，6代表低分），是获得金奖证书的六座建筑之一。这使巴尔尼姆的区议会办公室成为德国迄今为止所有办公建筑中最耐久的一个，而且毫无疑问也是欧洲最耐久的建筑之一。

能源效率是项目中的一条关键标准。从一开始，2003年的全欧建筑竞赛就要求建筑师和能源顾问进行跨学科的高水平合作。另外，这个项目还被列入德国联邦经济技术部能源最优化建筑发展项目（EnOB，能源最优化建筑），因此专家顾问从一开始就参与项目变得很重要。除了要求制订一套完整的计划，这个项目还要求不得有大规模的人工制冷系统，初级能源消耗量，包括供暖、通风、制冷和照明，也要降到100kWh/m²a。这些要通过监测和根据使用者后期的接受程度来估测。建筑师有专家顾问组来拟定动态热反应模拟和日光模拟，这是普通的设计所远远不能比拟的。

通过落实下列方式和方法，能量需求得以大大减少。

· 使用最有利的表面与体积之比，压缩建筑体积；
· 冬夏优化整个建筑外围护结构（立面、窗户、屋顶、楼板）的保温层，避免形成冷桥；
· 从能量需求和日光开发利用方面优化玻璃表面；
· 优化建筑体积；
· 选择建筑遮阳系统的类型和运行机制降低制冷荷载；
· 整合具有不同气候的热缓冲区域（中庭）；
· 通过嵌入建筑构件之中的地下供暖/制冷和通风系统来调节空气；
· 通过650个能量桩进行地热能开发；
· 为个人和团体工作场所开发节能高效的落地灯；
· 在设计和建筑运行初期对使用者进行培训和指导；
· 实现建筑运行自动化和最优化，通过两年能量监测阶段进行追踪监测。

设计团队力图简化供暖、通风和空调系统，因此就需要优化建筑表面的热工性能。外墙由预制木板制成，中间添加了纤维素保温层，两侧都衬有复合木板。外面是由有色纤维水泥和石膏踢脚板覆盖的通风立面框架。为了防止产生冷桥，在外部遮阳板和

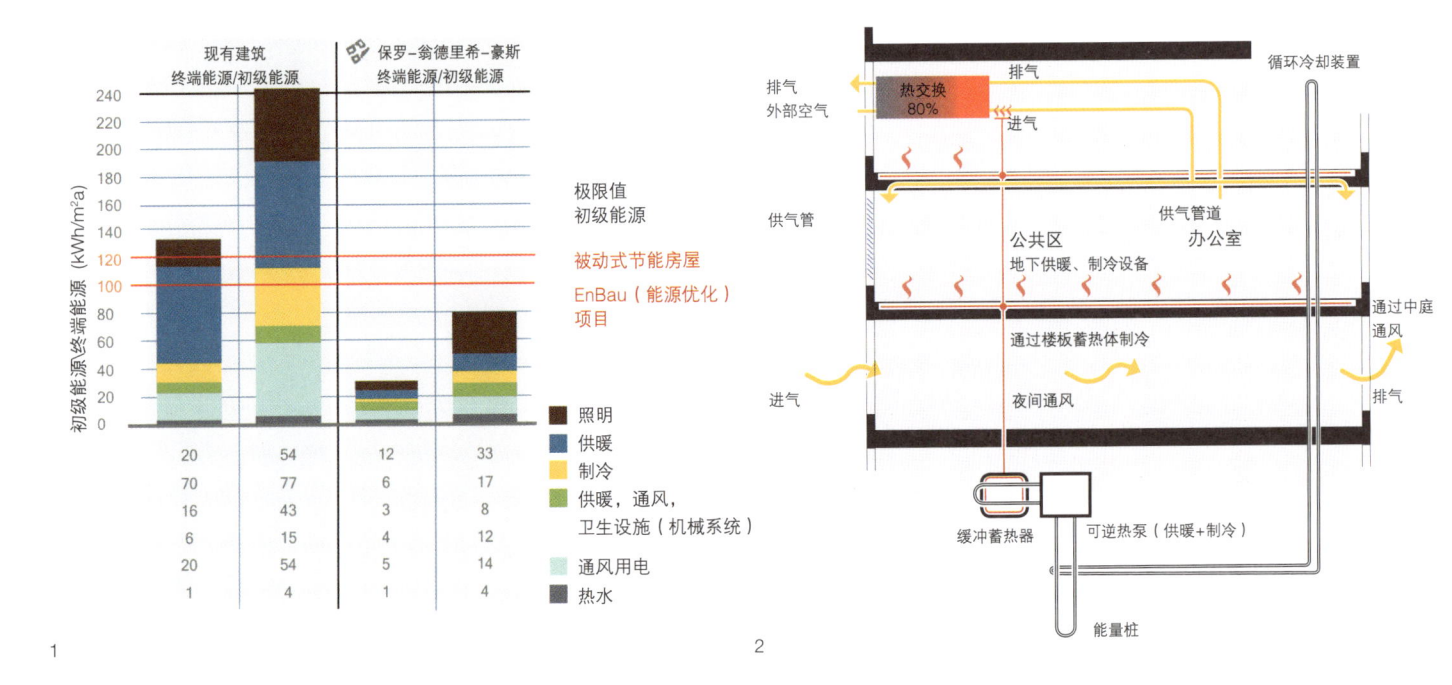

1

2

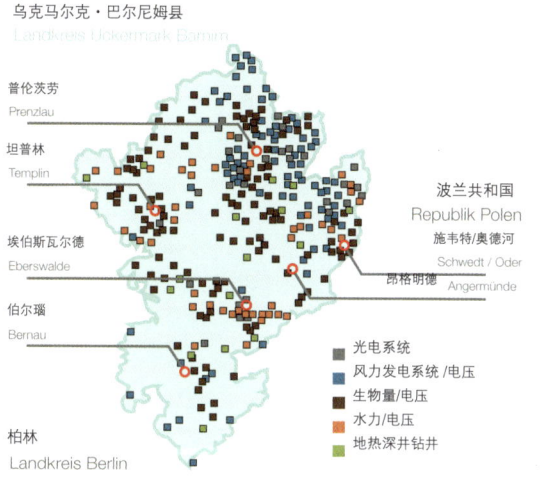

乌克马尔克·巴尔尼姆县
Landkreis Uckermark Barnim

普伦茨劳
Prenzlau

坦普林
Templin

埃伯斯瓦尔德
Eberswalde

波兰共和国
Republik Polen

施韦特/奥德河
Schwedt / Oder

昂格明德
Angermünde

伯尔瑙
Bernau

柏林
Landkreis Berlin

- ■ 光电系统
- ■ 风力发电系统/电压
- ■ 生物量/电压
- ■ 水力/电压
- ■ 地热深井钻井

3

冈特·罗奈特（Günter Löhnert）主持柏林的sol°id°ar planungswerkstatt设计工作室。他是保罗－翁德里希－豪斯办公楼项目整体规划和可持续性方面的项目协调人。

托马斯·韦伯是柏林GAP建筑事务所的经营合伙人。2007年，他参与创办了研究网络"Null-Emissions-Projekte（零排放项目）"，并在2008年成为德国可持续性建筑质量认证（DGNB）的创办者之一。

窗户顶部边缘之间安装了真空保温板。窗框是木质的，大面积固定玻璃窗使用了三层中空玻璃窗，而又高又窄的窗户上镶嵌的则是双层玻璃。

地面的冷热

楼板、中间楼板和屋顶，以及所有的承重柱和内墙部件，都由钢筋混凝土制成。第二层到第三层之间的楼板起到了通风的作用，因为其间安装了无保温隔热功能的通风管，一年四季给办公室带来新鲜空气。通风管布置在外立面后大约1m的地方。地板下面通常没有覆盖层，也没有安装吊顶。为了改善夏季的室内气候，在一些特定区域安装了相变材料的防噪顶棚镶板，从而提高了房间的蓄热能力。废气从办公室直接进入公共区并从这里被排出。废气排出大楼之前把自身的热能通过一种旋转热交换器（抽走80%的热量）传给流入的新鲜空气。

鉴于建筑表层优良的热工性能，冬天只需要很少的能量来供暖。基本的供暖能量都是由地表的地热能提供的。大约需要850根基桩（平均长度9m）来保证结构的稳定性，其中593根同时被用于能量系统：它们被安装在空气过滤吸附机组上，并与热泵相连接，起到热交换机的作用。冬季，地热将环形管道中的水加热至10℃，因此这个热泵可以产生低温供暖系统要求的温度。两套不同的系统被用来为办公区传递热量：通风系统受外部气温控制，负责提供基本的能量。进入通风系统的气温最高比室温高10K。最高的热负荷由散热器控制，在每个房间都配有温度调节装置。在公共区域和走廊里，热量通过地热设备来输送。

热量通过通风系统（低温最高为6K，通过外部温度和时间控制）和由分区控制房间温度的地下制冷设备排出。回水温度达到大约20℃时，应用了"能量桩"的地面起到了能量库的作用。如果回水温度更高，系统就转变成了屋顶的水－乙二醇循环冷却器。可逆的热泵产生了必要的冷气来满足最大负荷。在二期施工阶段（2009年夏天），在多层停车场的屋顶安装了一个640m²的太阳能系统（最大产能80kWp），同时也扩充了南立面的光电系统（大约40kWp）。

建筑遮阳和防眩光系统

办公室采光很重要，不仅是一种节约电能的方法，也能提高办公场所的质量，从而提高员工的工作质量。日照系数*至少要达到0.9%的平均值，但最好有更多的办公场所能达到3%。

立面结构：
纤维素保温木框架，通高预制板，建筑遮阳板附近的真空保温层

散热器

排气口

可选吊顶

排烟窗

4

*日照系数：
日照系数是衡量建筑物或房间内自然光的一种方式。由室内照明（以lx为单位）与多云天气的户外照明之比表示。

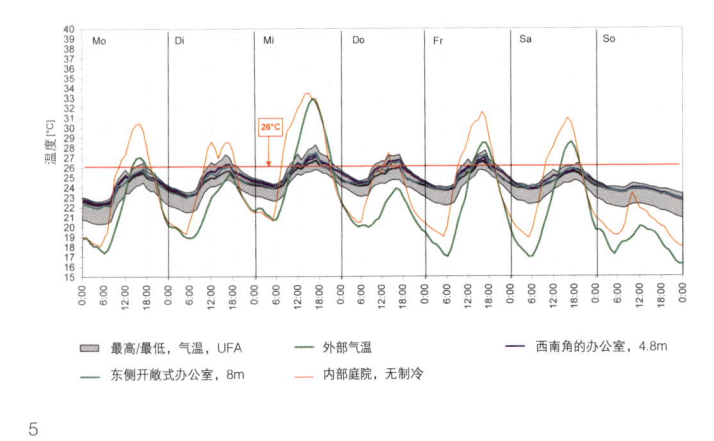

5

为了达到这个比率，需要优化层高与房间进深之比，因为房间越高，就有越多的光照进房间。另一种方法就是省掉窗楣，这是优化光照的基本步骤。在外部安装一个两分式遮阳装置，上部可以允许入射光照到房间最深处，下部可以根据需要遮挡太阳光或让人欣赏到室外的景色。各个立面或楼层的百叶窗角度可根据辐射和外部温度变化来控制，也可以单独控制。

当外部遮阳系统保护室内温度不要过高时，内部可移动的遮光屏可以由使用者单独控制，用于阻挡办公区的眩光。浅色的内墙面、家具摆设，以及透明的隔墙，保证了阳光能照到公共区域的每个角落。对于人工照明装置，设计团队在EnOB发展项目的支持下开发了一种特殊的落地灯。由这些落地灯发出的间接照明提高了室内的亮度。照明强度传感器可自动调节落地灯，感应传感器可以在室内无人的时候把灯调到100 lx。使用者通过私人电脑可以把灯调到300 lx或500 lx。在公共区，人工照明装置可以根据时间由感应传感器控制开关。

为优化运行实施为期两年的监控

这个项目也需要证明在实际操作中确实可以达到计划中的目标，这也是能源最优化建筑发展项目的一项要求。为此开展了为期两年的监测（2007年9月至2009年9月），期间还有相应的能量值和舒适度的测量。在保罗–翁德里希–豪斯，起初在安装热泵和灯方面存在一些困难，例如，需要对其重新调整。然而在运行的第一年，这栋建筑就达到了初期制定的节能性能值，所以可以想象在不久的将来，能量消耗会比一开始估计的还要少。根据测量，初级能源需求在2008年就已经达到94kWh/m²a，比预定目标值还减少了10%。

甚至在设计和建设阶段，设计团队就把地方政府，也就是大楼的拥有者，当作将来的使用者，他们还与所有决策者合作制定了设施管理理念。过程描述和操作指导也是早在建设阶段就一起交给了服务人员，以优化后期运行。

5　夏季炎热的一周气温表
6　建筑中用于调节温度的基桩
7　日光量度
8　办公室地板视图
9　办公区采光理念
10　落地灯

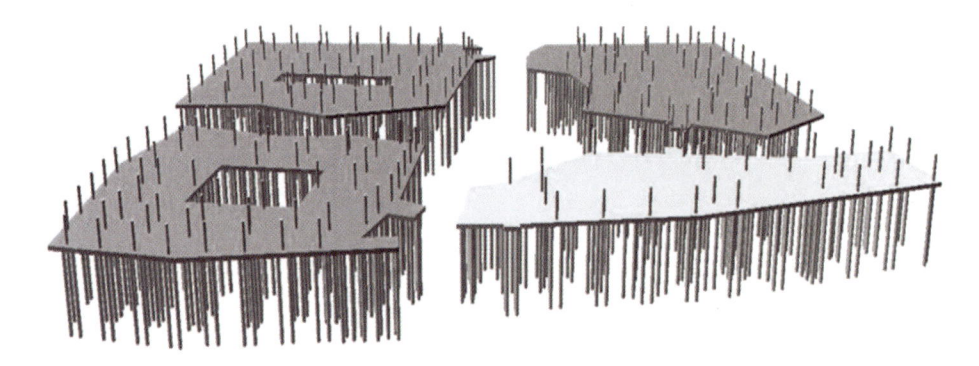

6

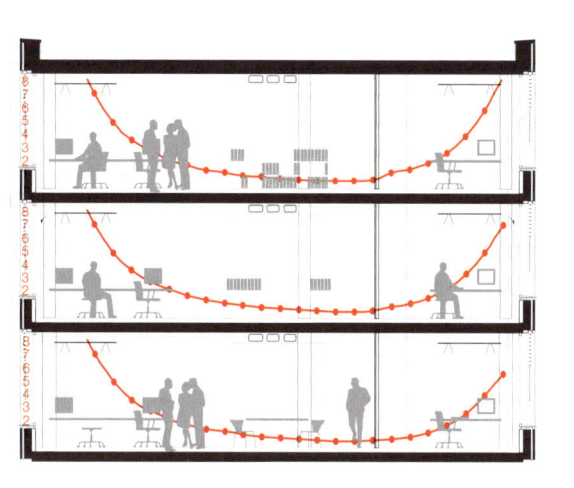

7

初级能源需求：共88kWh/m²a，照明33kWh/m²a，供暖17kWh/m²a，制冷8kWh/m²a

二氧化碳排放：16.58kg/m²$_{GEA}$a

总建筑面积：21631m²

建设和暖通空调成本：1157€/m²$_{GEA}$a

8

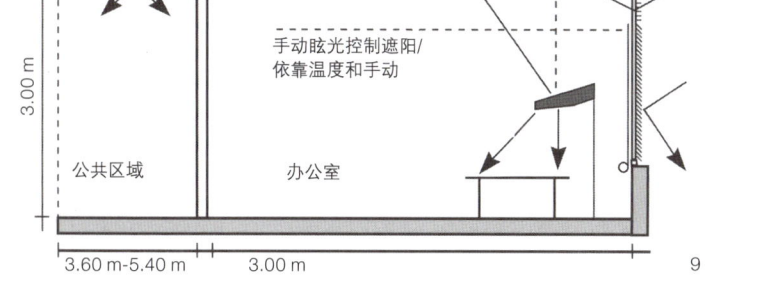

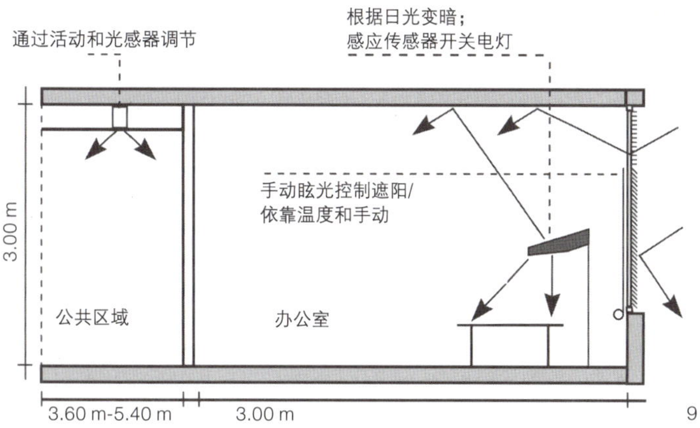

通过活动和光感器调节

根据日光变暗；感应传感器开关电灯

手动眩光控制遮阳/依靠温度和手动

3.00 m

公共区域　办公室

3.60 m-5.40 m　　3.00 m

9

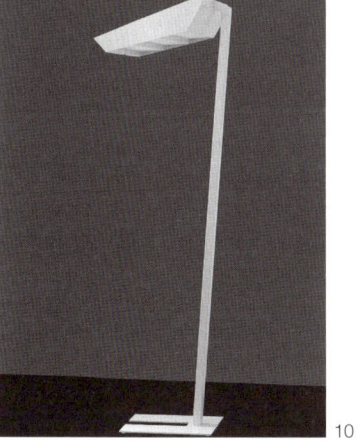

10

德国可持续建筑认证之路

Günter Löhnert

在可持续建筑认证的试验阶段，保罗–翁德里希–豪斯办公楼得了1.18分（德国学校分数制：1代表高分，6代表低分）。这是最高分，建筑因此获得了金奖。这个项目及其目标都拥有着更广泛的积极作用，例如，普遍的城市发展、镇上居民和建筑使用者的接受程度、节能性和性价比，以及给人留下的良好印象。今年，像PROM这样的国家和国际奖项也为它颁发了证书。取得这一成果的首要因素就是将实现可持续性目标放在第一位。项目目标曾遭到了强烈的反对，有的甚至来自于议会，但行政长官博多·爱尔克排除万难促成了该目标的实现。第二个因素是项目团队的专业性和主动性，团队需要恰当有效地协调各学科之间的整体计划进程。第三条因素是在整个设计和建设以及优化操作的过程中，需要不断地追求可持续性这一目标。想获得成功，至少先要达到这三条标准。

证书等级

评估方式决定了对整个建筑的评估情况。对于"经济质量"标准，这栋建筑做得尤其到位，得了满分，相当于0.83分，因为

1分就等于完成标准的95%。项目预算定于2002年，虽然后来增值税和钢价上扬都提高了成本，也仍然坚持这一预算。保罗–翁德里希–豪斯证明了可持续和节能建筑在没有额外支出的情况下也可以实现。

德国可持续建筑认证——可持续建筑的先驱

在德国，可持续建筑质量认证还没有步入发展阶段的时候，就开始设计并实行这个项目了。一方面，这可以证明项目的可持续性目标如果制定清晰、实施合理就不需要认证机构。然而，这只在少数特殊的情况下才可能成功，因为在实施愿景上缺乏"正确的"方法，尤其是在复杂的建筑中。这需要业主表现出强烈的意愿，态度积极，经验丰富，还需要合格的设计者和优质的项目管理。另一方面，德国可持续性建筑质量认证体系提供了性能的详细说明，可作为可持续性设计和建筑事业的工具。这在优化设计过程时将是一条很有价值的准则——至少对于那些将之视为榜样的人是这样的。像德国的Gütesiegel，在促进可持续性设计文化和建设以及使其更加专业化等方面，树立了一座里程碑。

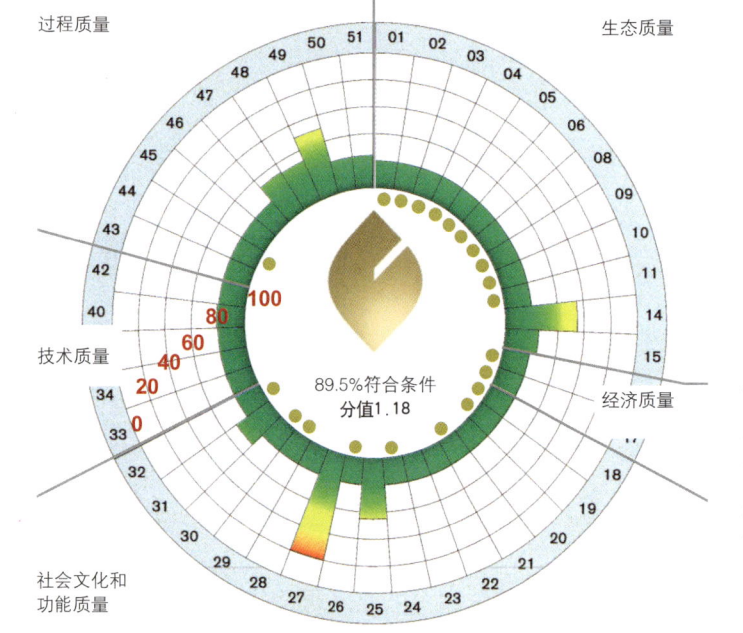

保罗–翁德里希–豪斯评估方式

该方式表明了在德国可持续性建筑质量认证的单个标准下大楼的优良运行情况（0~100%）。大楼获得了89.5%的总分，在43项标准中有21项达到100%（金点）。在第27项标准"空间效率"中的得分没有达标，这是因为多层停车场的楼板也包括在评级内容中。

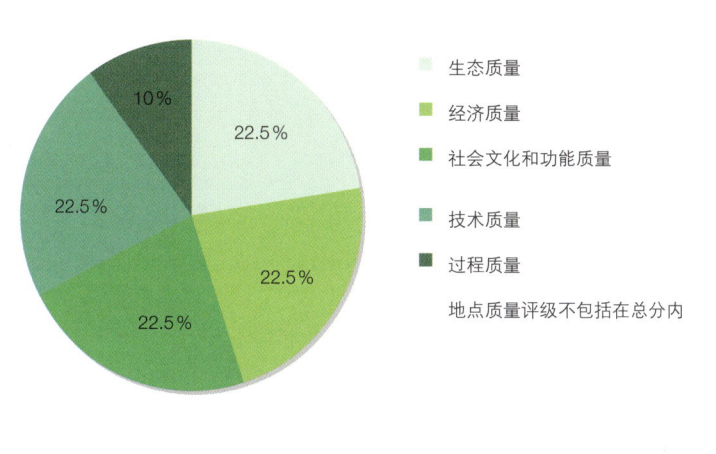

生态质量

经济质量

社会文化和功能质量

技术质量

过程质量

地点质量评级不包括在总分内

德国可持续性建筑质量认证：2008年秋天的试验阶段，最初对16栋办公和行政建筑根据德国可持续认证的标准进行认证。除了已经存在的建筑之外，还给两个计划中的项目也颁发了"预认证"证书。

DGNB得分标准（办公和行政建筑/试验阶段2008）
总分：1.18（铜奖＜3.0，银奖＜2.0，金奖＜1.5）；地点质量：1.6

（得分/最大可得分值）

生态质量（91.2%）

全球变暖可能性（10/10）
臭氧损耗可能性（10/10）
光化学臭氧产生可能性（10/10）
酸化可能性（10/10）
富营养化可能性（10/10）
给地区环境带来的风险（10/10）
对地球环境的其他影响（10/10）

微气候（10/10）
不可再生初级能源需求（10/10）
初级能源总需求/可再生初级能源之比（9.3/10）
饮用水消耗和污物产生（4.6/10）
表面区域使用（7.5/10）

经济质量（100%）

建筑关联生活周期成本（10/10）

价值稳定性（10/10）

社会文化和功能质量（87.4%）

冬季供暖舒适度（10/10）
夏季制冷舒适度（10/10）
室内卫生（8/10）
听觉舒适度（10/10）
视觉舒适度（9.2/10）
使用者影响（8.3/10）
屋顶设计（10/10）
安全和失败的风险（5.5/10）

无障碍通行（10/10）
区域能效（2/10）
转换可行性（8.9/10）
通行状况（10/10）
骑自行车舒适度（10/10）
确保竞争中的城市发展和设计质量（7/10）
建筑中的艺术（10/10）

技术质量（84.6%）

防火（8/10）
防噪音（8.8/10）
建筑表皮的节能和防水（8.4/10）

结构清洁和维护的便捷性（7.9/10）
重建、循环使用和拆除的便捷性（9.2/10）

过程质量（77.9%）

项目的准备质量（8.3/10）
整体计划（10/10）
设计方法的最优化和复杂性（8.2/10）
招投标过程中
可持续性考虑因素的证明（8.8/10）

建设优化使用和运行的
前提（6.7/10）
建设地点和建设过程（6.8/10）
实施公司的资格预审（5/10）
建设活动中的质量保证（7.5/10）
系统委托（7.5/10）

地点质量（78.6%）

微区位风险（7.6/10）
微区位环境（8.4/10）
地点和周边环境的外观和条件（9.2/10）

与交通设施的连接（6.7/10）
附近特殊设施（9.7/10）
附近的多媒体和基础设施发展（6.3/10）

Liebefeld的三户住宅

太阳能房屋

总平面图（虚线部位代表地下停车场）
比例 1:1000

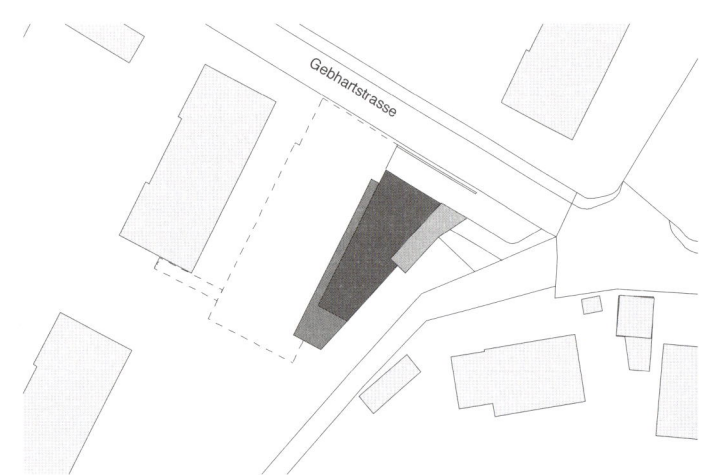

　　瑞士第一所获得Minergie-P生态标准认证的住宅位于伯尔尼的南部郊区。这是一个多户住宅，是Halle 58建筑事务所的力作，Halle 58的创建者和经营者、建筑师Peter Schürch本人就居住在这里。这三户公寓不仅在建筑设计以及生态和能效方面达到了很高的标准，而且与附近常规建造的同类公寓相比，更节省成本。虽然该项目为达到Minergie-P生态标准认证产生了5%到10%的附加费用，但也在其他方面节省了巨额开支——供暖系统的输出功率仅为5kW，但却足以满足需求，同时，通过争取认证，该项目还得到了瑞士政府的拨款。

　　这栋建筑在不到一年的时间内就完工了，这得益于大量的前期预制工作。狭窄的楔形区域是整个项目基地的一部分。在该基地上耸立着8栋建于20世纪60年代的同类多户住宅。虽然从建筑学上来说，这些建筑平淡无奇，但却为新三层住宅的建造设定了体积标准。为了获得尽可能多的空间，7个地面车库被一个小型地下停车场所取代。该住宅的实际体量南端狭窄，位于地下停车场的东部边缘和楔形区域的边界之间。入口处的设计给游客们带来了不同寻常的感受：一条宽阔的坡道直接将人们领到主入口的大门。门后是一段外部楼梯，它从水平板条的包围下探身出来，就像一艘船的船头。每层都设有一间公寓，其楼层平面图几乎完全相同。每间公寓的入口都大概位于这栋线性建筑的中央，将楼层平面一分为二。在北侧是一个梯形的紧凑核心区域，用作卫生间和机械设备间，对面是三间卧室。南部是一个阁楼式的起居空间。这一空间没墙壁相隔，建筑短小的进深以及将细长柱直接放到玻璃立面后方空间的定位方式赋予整个空间一种鲜明的特

色。起居区域与巨大的南向露台和阳台一起，就像沿着长长的墙体安装的过滤器一样，给人一种非常宽敞、明亮的印象。全高的木卷帘提供了一道视觉屏障，同时也能起到遮阳的作用。

　　屋顶有一个种植着植物的阳光露台，所有的公寓住户都能徜徉其中，将周围屋顶的景观尽收眼底。一条狭窄的缝隙将建筑的底部边缘与地面分离开来，这是对凸起于地面的相邻公寓楼类型的重新诠释。轻盈的外形与精致的西南立面线条相结合，让这栋独具匠心的建筑从传统的环境中脱颖而出。尤其是从花园的侧面看，这栋轮廓清晰的建筑看起来就像一个盘旋于地面上方的技术设施（太阳能居住模块）。

建筑师：Halle 58 Architekten，Peter Schürch，Bern

结构工程师（木结构）：hrb Ingenieure，Thun

建设工程师：Tschopp & Kohler Ingenieure AG，Bern

能源咨询、建筑物理和声学：Gartenmann Engineering，Bern

供暖和通风设备设计：Riedo Clima，Bern

卫浴设计：Boss Planungen，Gümligen

电气工程师：Elektro Paganini AG，Ittigen

适应未来的建筑

Peter Schürch

1 带有固定遮阳设备的
  设计草图
2 评估固定遮阳影响的
  太阳数据图

我们目前正在为后化石燃料时代进行融资、设计和建设。面对无处不在的"可持续"这个词汇，我更喜欢用"适应未来"来形容当前的建筑，一种既适应未来需要又达到了很高审美素养的建筑。除了考虑生态因素之外，适应未来的建筑也充分涵盖了经济和社会层面的因素。在整个过程中，能源审核的作用举足轻重。

太阳能建筑

位于伯尔尼Gebhartstrasse大街的这栋多户住宅，通过大块高度保温隔热的玻璃板以及相应的存储介质，实现了对太阳能的被动吸收利用，这些存储介质就是位于厨房两端的水泥砂浆地面和钢筋混凝土剪力墙。在南端，薄薄的钢筋混凝土墙体前20cm的地方安装着一块固定玻璃，这种装置自动形成了一个简易的内置太阳能集热器。巨大的玻璃正立面朝向偏西北的方向——由于该区域的周边环境和形状，我们别无选择。但是，整体建筑的角度只不过是略微西北偏西，这样获得的太阳得热就几乎与西向的立面相同了。

从项目的一开始，我们就高度重视对大块玻璃表面进行遮阳处理。在初步规划中，我们曾设想在"太阳得热的一侧"安装一个垂直的悬挂式百叶进行遮阳（图1）。我们还草拟了一份太阳数据图来确定采用这种形式的遮阳所能降低的太阳辐射强度（图2）。结果表明，这一侧的太阳得热将减少到30%左右，所以就放弃了当时的想法，而采用了今天我们看到的这个解决方案，这个方案赋予该建筑与众不同的外观——即电动木卷帘。我们认为它们既美观，又能防止室内过热，还能起到良好的视觉屏障作用。不过，虽然现在木卷帘已开始发挥功用，但其如何应对强风

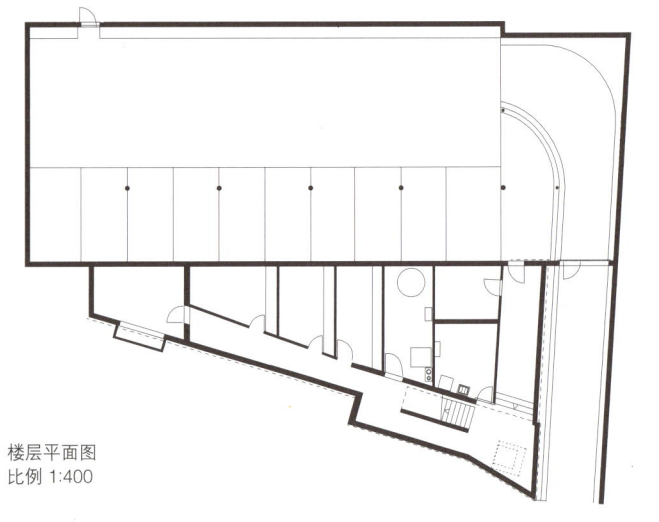

楼层平面图
比例 1:400

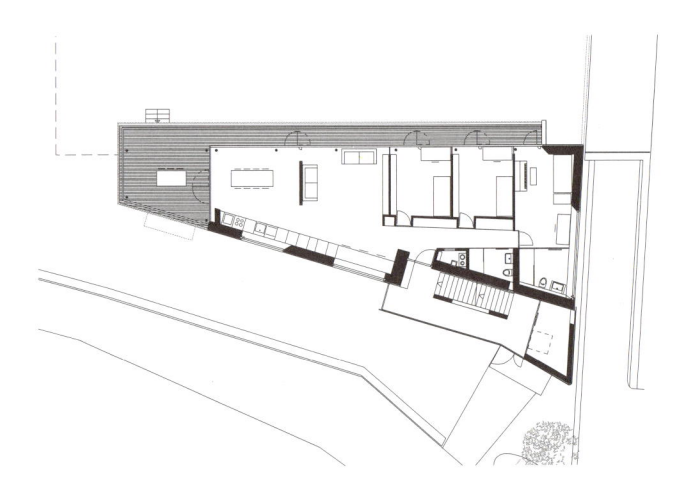

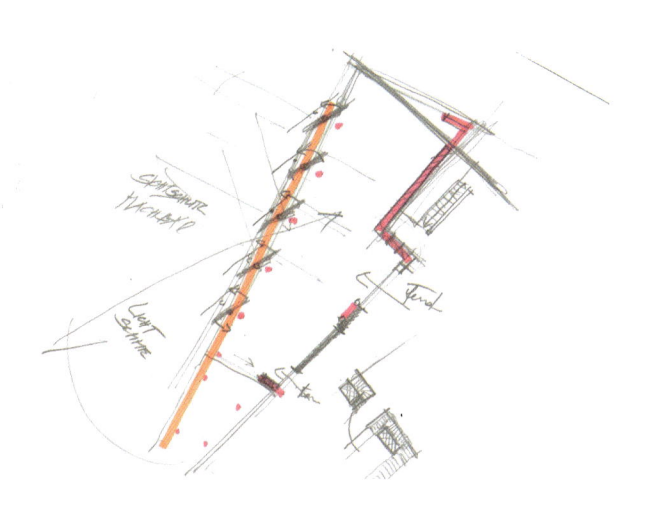

1

主要设计目标：与地区结构相融合／简单而时尚的起居空间，功能灵活／充分利用日光／高度隔热的建筑外围护结构／天然建筑材料／节能建筑技术／符合节省成本的标准／运行和维护成本低

仍是需要探讨的问题之一。我们目前正在制订调整规划以解决该问题。

形式

该建筑作为一个能源体系，其整体性能优劣要充分考虑到其长方体的形状。该建筑的形状因数（Gebäudehüllziffer，外表面面积与能源参考面积之比）较高，为1.8，远远高于理想的冰屋形状或标准Minergie立方体形状，因为我们在这里采用的是408m²的中等能源参考面积（即供暖/制冷的总楼面面积）和739m²的建筑外表面积。最终，达到良好能效的决定因素就是建筑外表面的质量，包括设计和建造，也考虑到了朝向的问题，这意味着能耗降到了最低，同时也获得了较高的太阳得热。

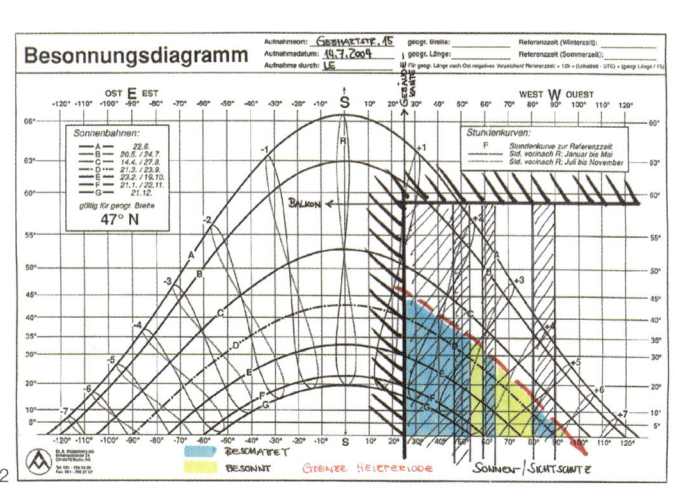

2

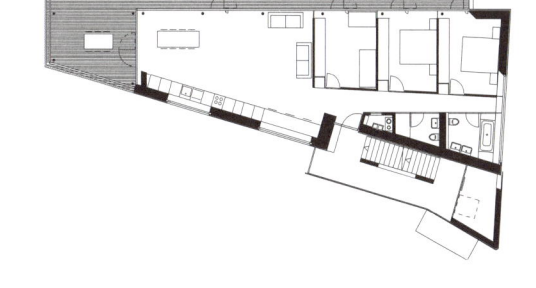

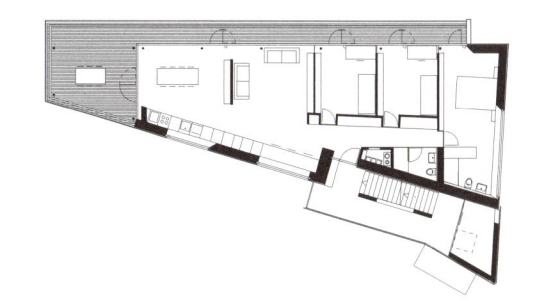

3　全年能源损失/收
　　益以及供暖能源
　　需求
4　木墙体示意图
5　建筑物各部分的年
　　均能源需求
6　阳台的垂直剖面，
　　比例 1:20

建筑外围护结构

就传热损失方面而言，花园一侧的巨大玻璃热损失最大。测得的三层玻璃的U值介于大面积固定玻璃的0.92W/m²K和小窗户的0.65W/m²K之间。冷桥的影响微乎其微，因为木框架的外表面进行了保温处理。尽管如此，玻璃立面也还是约占总传热损失的2/3（图4）。但是，这个比率在大多数经Minergie-P*标准认证的被动式节能住宅中比较常见。

具有保温隔热作用的建筑表皮包围着建筑内空调能照顾到的部位，其中没有任何明显的冷桥。因此，进入地下室的通道只能是从外面通过楼梯间进入。从几何图形上来看，有些无法避免的冷桥，不过只存在于窗口和混凝土剪力墙部位。建筑外围护结构被设计成一个可扩散蒸汽而又密闭的形式。里面没有隔汽膜或隔汽层，所以蒸汽压力得到了逐步的缓解。缝隙基本上被消除。这样就可以节省更多的能源，同时也提高了热舒适性，并远离外界的噪音干扰。

材料和施工

该建筑达到了瑞士Minergie生态标准认证，该标准于几年前推出，是对"以能源为中心的"Minergie和Minergie-P标准认证的补充。Minergie生态标准认证也对如照明、噪音和原材料等一些方面进行了评级。它还包含了一些免责条款，如重金属的使用、溶剂型或泡沫建筑产品。我们的建设成果之所以突出是因为它跨度小（原材料消耗小）、窗面积比例适当（优质的光照水平）并且没有在内部使用化学木材防腐剂（室内空气质量优

■ 损失Q_t（kWh/m²）　　■ 使用收益（kWh/m²）　　■ 供暖能源需求（kWh/m²）

3

月份	1	2	3	4	5	6	7	8	9	10	11	12
时间常数 (h)	127	127	127	127	127	127	127	127	127	127	127	127
损失 (Q_t kWh/m²)	10.4	8.4	7.9	5.4	3.7	1.8	1.0	1.6	2.6	5.0	7.5	10.2
收益 (Q_g kWh/m²)	5.6	7.1	9.8	12.3	13.4	14.2	15.1	13.6	11.9	9.2	5.8	5.2
$\gamma = Q_g/Q_t$	0.5	0.9	1.2	2.3	3.6	7.8	14.9	8.8	4.5	1.8	0.8	0.5
利用程度	1.0	1.0	0.8	0.4	0.3	0.1	0.1	0.1	0.2	0.5	1.0	1.0
使用收益 (kWh/m²)	5.6	6.9	7.7	5.4	3.7	1.8	1.0	1.6	2.6	5.0	5.6	5.2
供暖能源需求 (kWh/m²)	4.8	1.5	0.2	0.0	0.0	0.0	0.0	0.0	0.0	0.0	1.9	4.9

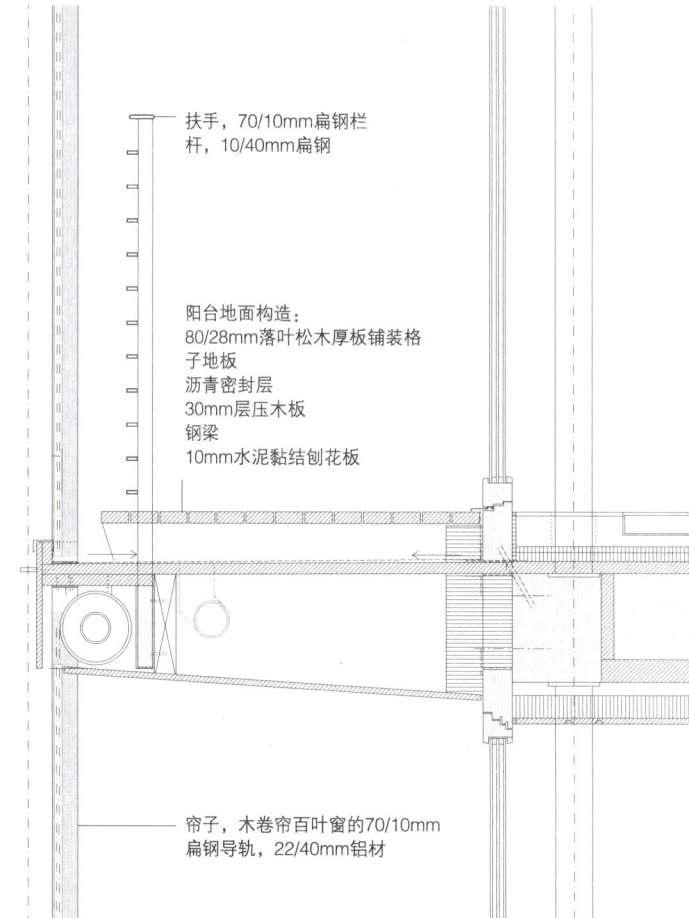

西北方向的大块玻璃窗：三层保温玻璃，镶嵌在落叶松木框中，玻璃尺寸3030mm×2420mm（6mm半钢化玻璃＋12mm空腔＋6mm浮法玻璃＋12mm空腔＋6mm钢化玻璃），外层玻璃的内侧镀有隔热膜，碳纤维边缘密封，U_f=1.6／U_g=0.50／U_w=0.65／g=55%

中间楼层的构造：20mm橡木条拼花地板／80mm水泥砂浆层，带地热装置／聚乙烯板分隔层／隔声层，17mm木纤维板／25mm岩棉保温板／320mm软木空箱式构件，中间填充砾石／带95mm减震器的地板／60mm岩棉保温层／15mm纤维石膏板

4

良），此外所用木材全部取自当地的森林。由于该建筑从一楼一直到顶部基本都是木结构，所以将地下室建造成传统的混凝土构造看起来是比较合理的做法，尽管在这方面生态标准认证对再生混凝土的使用有着详细的规定。屋顶和中间楼板采用的是木构空箱式。各公寓之间的地面用砾石填充，这样就达到了瑞士SIA 181标准中关于隔音的要求。立面采用的是腹板木梁，但是其腹板并不贯穿整体，目的是为了减少冷桥。中间层采用了纤维素保温材料。这些落叶松构件已经形成了理想的古灰色，与未经处理的用作立面覆层的水泥黏结纤维板相得益彰。

传递热损失
屋顶 3.3
墙体 8.8
楼板 2.8
门 2.1
窗户 38.2
冷桥 1.8

通风热损失 8.5

太阳得热 43.7

内部收益 8.1

供暖能源需求 13.7

(kWh/m²a)

5

扶手，70/10mm扁钢栏杆，10/40mm扁钢

阳台地面构造：
80/28mm落叶松木厚板铺装格子地板
沥青密封层
30mm层压木板
钢梁
10mm水泥黏结刨花板

帘子，木卷帘百叶窗的70/10mm扁钢导轨，22/40mm铝材

6

生态技术打造舒适的家

Gerold Lehmann

该建筑是通过一个以木球为燃料的锅炉以及位于地下室的太阳能两用罐来提供热能的。这些木球存储在室外一个掩埋在地下的球罐中。锅炉和两用罐为三层楼的低温地热系统提供能量。76%的生活热水都是通过太阳能加热满足的，这些热能来自6个置于屋顶的太阳能板，吸收表面总面积达到了20m^2。与两用罐相连的供暖系统在热水需求的高峰期会满足剩余24%的热水需求。地下室的公用洗衣机（被评为A++级）直接连接到热水龙头，这样，尤其是在夏季，就可以对太阳能加热的水进行有效利用。人们设想了将会在未来几年安装一个光伏系统。建筑使用的都是天然的、未经处理的建筑材料，再加上机械通风系统，确保了室内良好的空气质量。由于有了这一热回收系统，供暖损失被控制在较低水平。热量是通过一个热交换器从公共烟道中提取的。这个热交换器安装着铝百叶和单独的出入口，可以让新鲜空气和废气自由进入和排出。这一装置被放置在入口旁的垂直技术设备区域内。该装置通过屋顶控制装置的两台风机分别为这三栋公寓提供服务。中央细颗粒灰尘过滤器也是通过它提供服务的，这也是五到十年后清洗烟气换热器的切入点。该系统能够重新获得约90%的热量，同时由于风机并未置于公寓内部，因而避免了噪音干扰。通风系统的金属管道位于吊顶以上，因此其中的排气孔与天花板齐平。用过的废气通过湿室被抽出。来自厨房的外流气体经过过滤器消除了油脂颗粒后，也会回流到通风系统中；在厨房里就可以对屋顶风机进行直接控制，以应对烹饪高峰期。

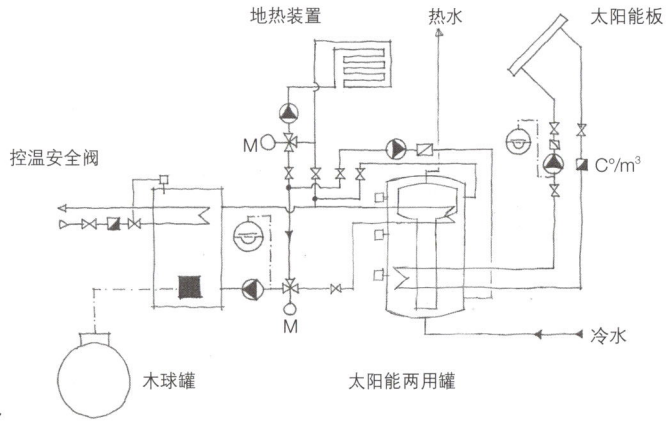

7　申请Minergie-P标准认证的能源与建筑系统设计供暖示意图（2009年5月修订版）

8　六个疏散平板集热器中的两个，后面是用于排烟和通风的屋顶装置以及阳光露台

9　在铺设砂浆层之前的地热管线圈

10　浴室安装吊顶前的通风管道

地热装置　　热水　　太阳能板

控温安全阀

M

M

C°/m^3

冷水

木球罐　　太阳能两用罐

8

Gartenmann工程公司总部设在伯尔尼，涉及能源咨询、建筑物理、环境和声学解决方案等诸多领域。Gerold Lehmann是该公司的能源工程师，专门从事能源、Minergie标准认证、建筑系统和建筑物理等相关工作。他负责本项目的相关工作。

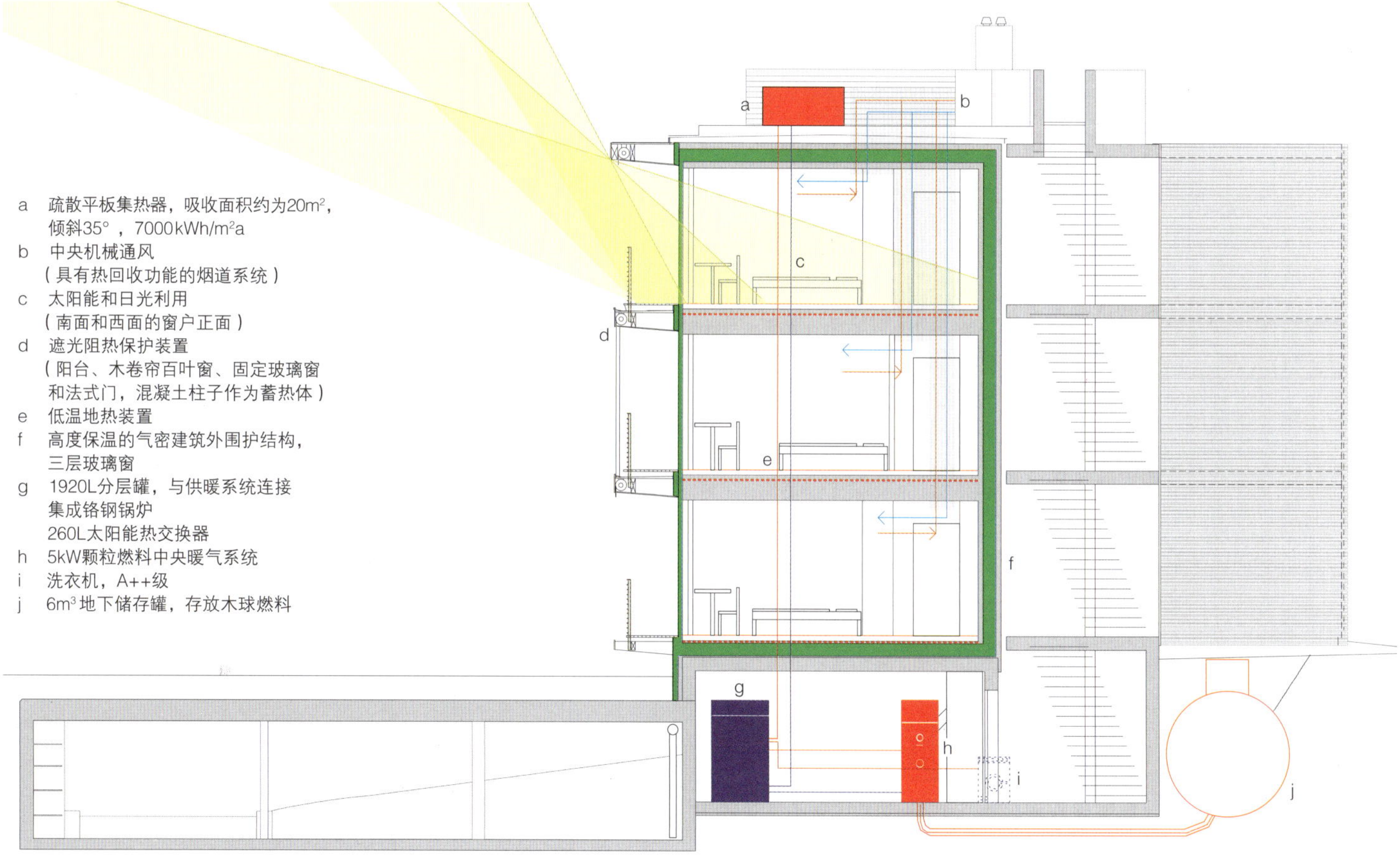

a 疏散平板集热器，吸收面积约为20m²，
  倾斜35°，7000kWh/m²a
b 中央机械通风
  （具有热回收功能的烟道系统）
c 太阳能和日光利用
  （南面和西面的窗户正面）
d 遮光阻热保护装置
  （阳台、木卷帘百叶窗、固定玻璃窗
  和法式门，混凝土柱子作为蓄热体）
e 低温地热装置
f 高度保温的气密建筑外围护结构，
  三层玻璃窗
g 1920L分层罐，与供暖系统连接
  集成铬钢锅炉
  260L太阳能热交换器
h 5kW颗粒燃料中央暖气系统
i 洗衣机，A++级
j 6m³地下储存罐，存放木球燃料

9

10

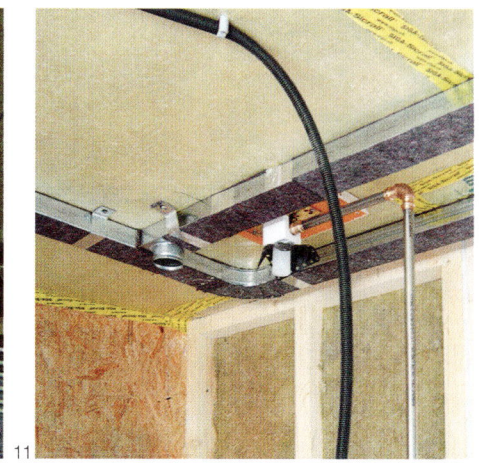

11

零能耗住宅开发项目：慕尼黑solaR2

取得能源竞赛的胜利

梅斯塔特的里姆是慕尼黑东部边缘的新城区，曾经是这座城市旧机场的所在地。让梅斯塔特的里姆为世人所熟知的也许是坐落于其中的新慕尼黑贸易展览中心。新区的设计主要是想在距离市中心（相对而言）很近的区域打造一个拥有大量绿色开放空间的密集型住宅区典范。对于生态问题的考量也被列入了主要议程，这一点在一些试点工程中都得到了体现，如展厅屋顶上安装的覆盖面积为66 000m²的光电系统和建立一座地热发电厂。然而，时至今日节能住宅工程仍然是梅斯塔特的里姆新区的特例。尤其是solaR2零能耗住宅开发项目，无论在能源消耗方面，还是就其所处的环境而言，都堪称典范。这一综合建筑群地处梅斯塔特的里姆新区的最南端，在这里可以俯瞰为举行2005年慕尼黑国家园艺展而建设的景观公园。

solaR2的设计和布局与其周边环境保持一致：北边一座三层高、90m长的建筑是建筑群的主干，楼群的3/4是单层公寓，其余为三层联排住宅。南侧是三座较短的双层建筑，每座为三栋联排住宅。所有住宅单元（建筑面积为35～155m²）均朝南设置。朝南的立面使用未经处理的水平落叶松木板覆层。其他三面主要用灰浆抹平后粉刷成白色——这样的处理方式实现了与相邻住宅建筑间的过渡，在设计上也遵循了"表面用灰浆处理后刷成白色或其他浅颜色"的指导思想。

木框架立面

两座建筑的立面都是木框架。用灰浆处理的外墙是将一层24cm厚的纤维保温层嵌进墙体空腔，而朝南的立面安装的是

甲方：NEST Solar Passivhaus GmbH & Co.
KG, Unterhaching
建筑师：Planungsbüro Joachim Nagel,
Unterhaching
结构工程师：Ingenieurbüro Franz
Derflinger, Aschheim
暖通空调工程师：Ingenieurbüro en.eco,
Klaus Bundy, Munich
景观设计师：Christian Bolm,
Schwabhausen / Johann Berger, Freising

12cm厚的聚氨酯保温板，这样做不仅是为了使悬挑出的结构部分看上去更加修长，同时也是因为南面所受太阳辐射更强。外墙并非承重墙，所有的荷载都经由钢筋混凝土骨架传递。使用木框架立面就可采用预制的方法，进而能够更快地实现现场组配。依据业主的意见，其中的一栋联排住宅整体都使用木材构建，包括承重框架。

楼群的平屋顶是建筑采集能量的重要途径，同时，居住者也可将其作为屋顶露台使用。草皮覆盖的内庭院将公寓大楼与联排住宅分隔开来，内庭院底下是地下停车场。停车场与建筑之间采用了热分离，供所有居住者使用。

同建筑师采用商务模型一样，"NEST solaR2"的产生过程也是不同寻常的。他们既是设计师又是开发商，虽然属于不同的公司，但却作为一个整体进行工作。这一成果要归功于约阿希姆·纳格尔（Joachim Nagel），这位建筑实践学创始人认为：如果与成熟的开发商合作，他的前瞻性、环境友好型（并因此有些"风险"）的冒险建筑便不可能实现。因此，几年前，纳格尔创建了自己的开发公司，即NEST Solar Passivhaus GmbH。（公司名称是"Nullenergie"和"Solartechnik"——零能耗和太阳能技术的首字母缩写。）

用户参与设计
NEST于梅斯塔特的里姆新区建设的初期建成了一座符合被动住宅标准的建筑，而且在新建筑中融入的新节能概念也得到

一层平面图
比例 1:1500

1　安装北侧公寓的墙体护板
2　北侧公寓骨架外覆（白色）透气膜
3　带阳台构件的南立面
4　总平面图
5　东南方位全景图
6　二层平面图
　　比例 1:1500

了认同。用户充分参与了整个楼群的设计，这是因为70%的公寓在动工之前就已经售出了，完工时仅有一套未售出，如今整栋公寓大楼已售罄。

这座建筑的开发理念十分独特，购买者不仅可以参与自己公寓的设计，还可以参与公共休息室、访客公寓和洗衣房中设备的设计，并为能源概念出谋划策。约阿希姆·纳格尔这样评价这一模式的优点："制定联合规划的过程持续了几个月的时间，在这段时间内，一个紧密的社会网络被建立起来，同时还激发了人们对于该项目真正的认同感。此外，业主们还积极主动地做出了一些决策，如他们想要按月记录下每户的能源消耗量，并且将这些信息公之于众——这对每个人的责任心是极大的鼓舞，尤其是考虑到当下的公共辩论。"

独特的楼层平面和自由的立面设计
建筑物的立面反映出了隐藏其后的公寓的独特设计：为了保持楼层平面的最大灵活性，窗户的水平木条都与东、西、北三个方向的抹灰立面融为一体。因此，窗洞的位置可以灵活设置而不会影响到整体布局。在朝南的立面上，窗户和封闭面板也可以在立面格栅内随意安置。深红色的纤维水泥板与木板相间，不仅增加了视觉冲击力，也消除了窗户布局的不平衡感。90m长的北立面上三个垂直凹槽显示出楼梯间的位置；另一处打断建筑连续性的设计是建筑西侧带遮篷的入口平台。

除了这些区域，窗户的木条给人的印象是惊人的一致——人们只有再看一眼，并注意观察它的入户门和通风装置的进气、出气口时才能弄清楚公寓和联排住宅的布局。从南立面看，设计的区别就比较明显了：采用木覆层、二层向外凸出的双层联排住宅以整洁的立面朝向公园；由于三层建筑南面的阳台采用通高设计，因此室内更加明亮，空气更加清新。三层建筑的整面屋顶护墙上安装着光电构件，建筑所需的大部分能源都是由屋顶平台上的设备产生的，屋顶平台上除了96m²的太阳热力系统之外，还安装了光电组件。居民也可以利用屋顶的空间来安装自己的"能源储存设备"。

每座联排住宅都有各自的屋顶露台。三层建筑的楼梯间延伸至屋顶，是进入公共屋顶露台的通道。公共屋顶露台虽然很小，但是因为设计有遮篷，所以几乎在所有天气条件下都可以使用。

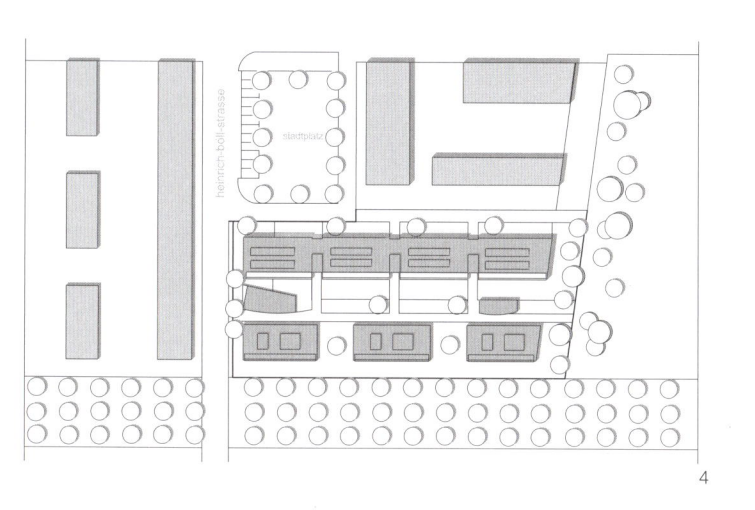

4

环境概念：
建在机场原址上的密集型住宅社区／带纤维保温层的木框立面／被动住宅标准，零能耗／通过太阳能热板满足热水和供暖需求／450m² 的光电设备能够满足所有的用电需求／木颗粒燃料锅炉满足其他的供暖需求。

5

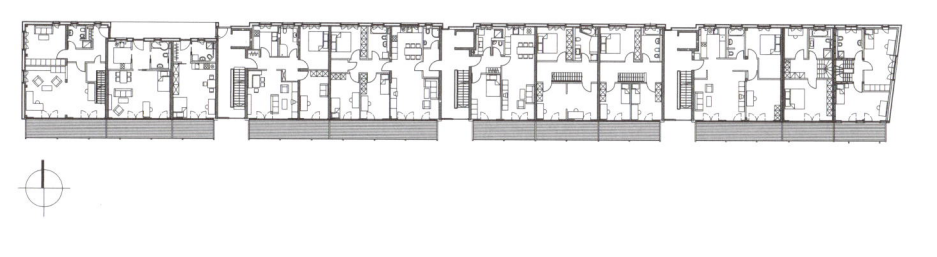

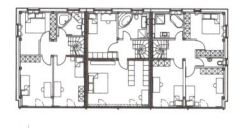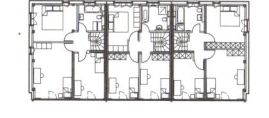

6

能源概念：净零能耗平衡

NEST solaR2 的零能耗概念主要基于以下两项原则：所有建筑物都应采用被动住宅标准，而其余一切能源需求都通过可再生资源满足。建筑外墙上被木板覆盖的区域 U 值为 0.10（联排住宅外墙）~ 0.16W/m²K（公寓大楼楼板）。窗户的 U 值也都达到了被动住宅的要求范围，即玻璃的 U 值为 0.5 ~ 0.6W/m²K，窗框的 U 值为 0.76W/m²K。

面积为 96m² 的太阳能热力装置可以提供热水和供暖所需能源总量的 40%。其余所需能源由功率为 50kW 的中央供暖锅炉提供。锅炉使用木颗粒燃料，有四个大缓冲罐，总容积达 6.3m³，环路系统从这里将 65℃的热水输送到各家各户。热水通过管道输送到各户的小型热水站，在这里通过热交换器进入三个独立的水循环系统，其中一个通向卫生间的散热片，一个用于热水供应，还有一个通向加热器，对流入的空气进行预热。每间公寓都安装了带有热回收系统的通风设备，这种设备也可以给空间供暖。建筑内没有地热和热壁系统。

为了减少建筑物能耗，建筑师还安装了节能电梯和节能泵。业主在入住之前就被告知节能家电和照明设备的优点。这样做的目的是将电能消耗降至 17kWh/m²a 以下，这也是慕尼黑市为终端用户制定的耗电目标。运行一年后，NEST solaR2 恰好能够满足预计的能源需求，耗电量也已基本达标。NEST solaR2 在早期影响用户的行为中显示了很多优势，这些优势表现在很多细节方面：业主自住公寓的能耗只有出租公寓的一半（出租房的居住者没有参与公寓的设计）。业主可以轻松负担他们共同拥有的

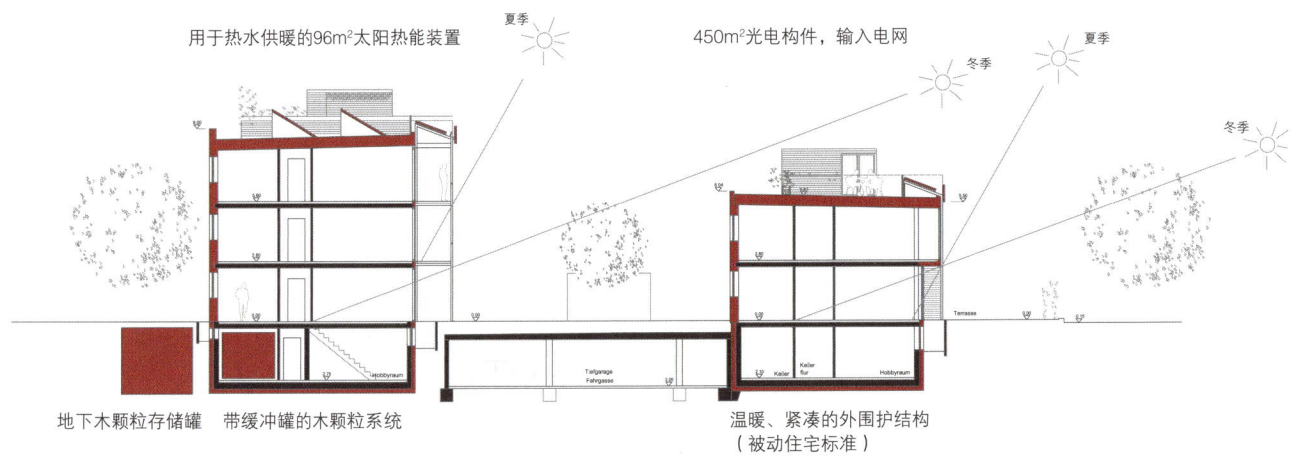

用于热水供暖的96m²太阳能热能装置　夏季

450m²光电构件，输入电网　夏季　冬季　冬季

地下木颗粒存储罐　带缓冲罐的木颗粒系统　　　　温暖、紧凑的外围护结构（被动住宅标准）

kWh/m²a 既存建筑

- □ 电力（煤/天然气/核燃料）
- ■ 热水（天然气/油）
- ■ 供热能量（天然气/油）
- ■ 供热能量＋热水（木颗粒）
- ■ 太阳热能＋太阳光电（太阳）

法定标准
（EnEV）

被动住宅标准

NEST solaR2

	既存建筑	法定标准	被动住宅标准	NEST solaR2
电力	120	90	80	44
热水	40	30	25	
供热能量	200	70	15	5
太阳				53

3

初级能源需求：共49kWh/m²a，电力需求44kWh/m²a，供暖＋热水5kWh/m²a/初级能源生成：53kWh/m²a/净建筑面积：3170m²/楼层使用面积：3970m²/工程造价：1750€/m²$_{NFA}$a

450m²屋顶光电设备，该设备的输出功率大概为60kW$_p$，产生的能源能够满足整座建筑的全部能耗。光电设备产生的电能并入国家电网，业主可以从中得到47ct/kWh的收益。然而，居住者消耗的电能却是按照20ct/kWh的标准价格从电力公司购买的。

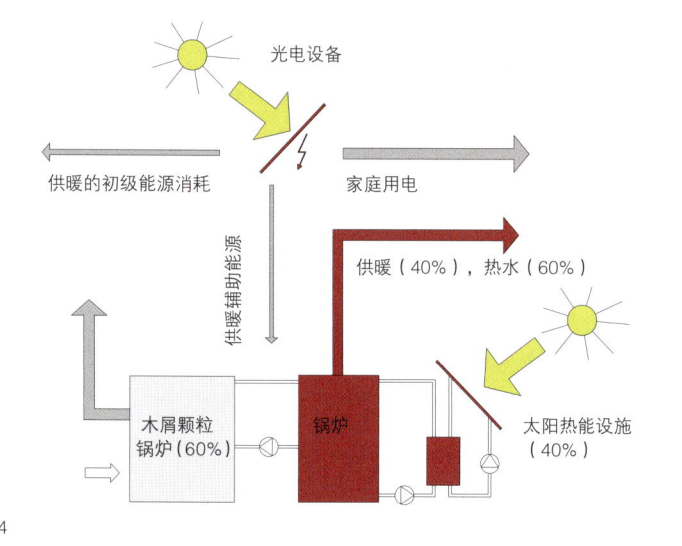

光电设备

供暖的初级能源消耗   家庭用电

供暖辅助能源

供暖（40%），热水（60%）

木屑颗粒锅炉（60%）   锅炉   太阳热能设施（40%）

4

屋顶构造：
22cm钢筋混凝土屋顶板
30cm聚苯乙烯保温层
屋顶密封层
拓展型植被屋顶

立面构造：
1.25cm石膏板，双层
6/4cm压条上的6cm麻纤维保温层
1.5cm定向刨花板
24cm l 形木托梁
24cm纤维保温层
1.1cm定向刨花板
6cm带保温层的石膏基板
矿物基抹灰
被动住宅标准窗户

6

1 光电设备外观
2 能源概念
3 重要参数图表，
   初级能源（每年每平方米）
   solaR2初级能源因素：
   用于供暖和热水所需能量的
   木颗粒：0.11
   家庭用电：2.97
4 能量流转图表
5 光电设备
6 穿过北立面的垂直剖面，
   比例 1:25

4 太阳热能空调系统

Bernhard Lenz

随着人们对热舒适度的需求越来越大，以及近年来以大量使用玻璃为特色的建筑理念的兴起，人们对于在建筑物里安装空调系统的需求持续增长。2003 年欧盟委员会能源与交通总司起草了一篇题为"中央空调器的能效和认证"（EECCAC）的报告。报告中预测，在 1990 年至 2020 年的三十年间，对空调的需求量将增长五倍。从那时起，关于此项目的预测数字便节节攀升。仅在德国，每年就要消耗大约 79 000GWh 的电量进行人工制冷，其中有 21 000GWh 用于建筑物内部的空气调节。需要进行空气调节的空间也越来越大了，这不仅包括办公场所和工厂，更多的是住宅建筑。在美国，已有 55% 的家庭安装了空调，在日本已高达 70% 左右。

建筑物内部的空调系统

当建筑物内部和外部的制冷荷载不能通过夜间降温或可持续性技术（如地平传感器）消除时，在建筑物内部采用制冷系统进行主动制冷就变得非常必要了。使用传统的压缩机技术、简单的绝热制冷技术或太阳能制冷技术都可以达到这一目标。以中欧为例，假设每天都维持住宅建筑中的热舒适状态，每年需要 50 ~ 200 小时的时间进行制冷。而维持行政办公大楼中的热舒适状态，每年则需要 1000 个小时。

目前，几乎所有的建筑空调系统都采用基于压缩机技术的制冷系统。据这一领域中大多数日本制造商组成的日本制冷空调工业会（JRAIA）估计，仅去年一年销售的小型压缩制冷设备就达到了 6900 万台，但太阳能制冷系统却几乎没有需求。在欧洲，目前仅仅安装了大约 120 个这样的系统，制冷输出功率总量约为 12MW。

在传统的压缩技术中，主要是由电力带动制冷压缩机进行压缩和之后的解压缩。在实际操作中，这类系统往往需要消耗大量的能源，尤其是在输出功率较低的情况下。太阳能制冷技术则是以热造冷。虽然与太阳能制冷系统相比，压缩机系统的 COP 值（性能系数；需要的可用能量与实际应用的能量之比：$COP=E_u/E_a$）较高，但是由于两个系统的驱动方式各不相同，因此不可以直接进行比较。

太阳能空调系统

运行太阳能制冷系统所需的电力可以通过太阳能集热器中获得的热量或耦合工艺（如热电联产设备）产生的废热转化而来。当绝大部分的制冷荷载来源于外部（太阳能）荷载时，推荐使用太阳能。在这种情况下，制冷需求达到最高程度的时间恰好与系统输出达到最大值的时间相一致。系统输出值由太阳辐射决定。在德国，平均太阳辐射值在 940kWh/m²a 至 1220kWh/m²a 之间。太阳能制冷系统消耗的电能只是需要带动风扇和泵所需的量，因此，依据电能产生的方式，该系统产生的人为二氧化碳排放量是最低的。相对而言，人们一致认为绿色电力的全球变暖潜能值较小。使用太阳能制冷系统的另一个优势在于它可以减轻电网的最大负荷，从而有利于避免电网超负荷运行。

1　太阳热能制冷流程简表
2　槽式抛物面集热器
3　不同类型集热器的效率，及其在太阳能制冷技术中的应用（假设：800 W/m² / 25℃）
4　吸收式制冷机

技术	吸收		吸收	DEC系统
	单级	双级		
制冷剂	水	水	水	–
吸附剂	溴化锂	溴化锂	硅胶	硅胶或
冷载体	水	水	水	溴化锂
冷温度范围	6 ~ 20 ℃	6 ~ 20 ℃	6 ~ 20 ℃	16 ~ 20 ℃
热温度范围	75 ~ 100 ℃	140 ~ 170 ℃	65 ~ 95 ℃	55 ~ 100 ℃
冷输出范围每单位	15 ~ 20000 kW	170 ~ 23000 kW	70 ~ 350 kW	6 ~ 300 kW
性能系数（COP）	0.6 ~ 0.7	1.1 ~ 1.4	0.6 ~ 0.7	0.5 ~ 1.0

1

Bernhard Lenz，资深建筑师、工程师，目前为卡尔斯鲁厄大学科技建筑设备与建筑物理系临时指导教授。博士论文以新型太阳热能制冷系统为研究主题。Lenz在可持续建筑技术领域担任顾问一职。

通常来讲，太阳能空调系统有两种类型：开放式和封闭式。封闭系统中包含了吸附式制冷机和吸收式制冷机，用于生产冷水。DEC（除湿蒸发制冷）系统，又称为吸附作用支持的空调系统，属于开放式系统，可以产生冷气。与压缩机制冷系统不同，DEC系统和吸附作用支持的空调系统并不需要对制冷剂进行机械压缩。制冷剂被吸湿固体或液体吸收，而后通过加热从吸附剂中释放出来（解吸）。为了维持吸收和解吸交替进行就必须连续供热，例如以太阳热能的形式。

吸收式制冷机能够作用于液体物质（吸收剂），如溴化锂溶液。吸附式制冷机对固体物质（吸收剂）如硅胶或沸石有效。除

了市面上可以买到的系统之外，还有蒸汽喷射式制冷系统，目前该系统正在进行测试。此类系统通过蒸汽来压缩工作介质。

吸收式制冷系统和吸附式制冷系统

吸附式制冷系统运转需要的压力极低，仅有大约10Pa。在这一压力下，相对而言，制冷剂就可以在很低的温度下进行蒸发。为了保证程序的进行，必须不间断地去除由于制冷剂蒸发而产生的水蒸气，这一步骤是通过吸附作用完成的。

单级吸收式制冷机在全世界市场上占据着主导地位。与双级系统不同，单级吸收式制冷机可以在较低的输入温度下进行操作，但是效率较低，驱动温度大约为75℃至100℃，制冷性能系数约为0.7。除了系统的效率之外，还有另外一个重要的因素，即所需冷却水的温度。这一温度取决于建筑技术的要求。单级系统可达到的温度为6℃至20℃，双级系统的制冷性能系数较高，约为1.2，但是需要的驱动温度较高，为140℃至170℃。运行该系统需要大量的废热或者安装高性能的集热系统，如带跟踪系统的单轴抛物面槽式集热器。然而，在中欧，这种集热器根本不适用。因为在这些纬度上，直接太阳辐射不足，双级系统可达到的冷却水温度与单级系统可达到的温度相当。

吸收式制冷系统可以达到的制冷能力取决于所安装系统的规模。目前市面上的单级吸收式制冷系统的制冷能力最低为15kW，双级系统最低为170kW左右。驱动系统所需要的集热器面积很

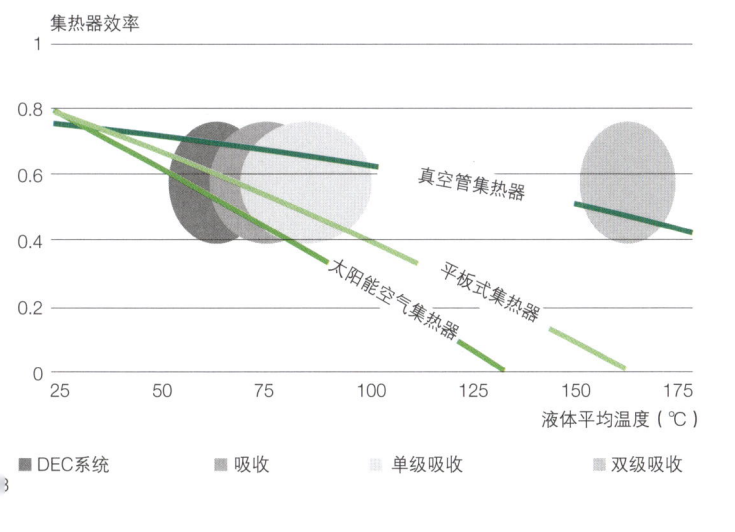

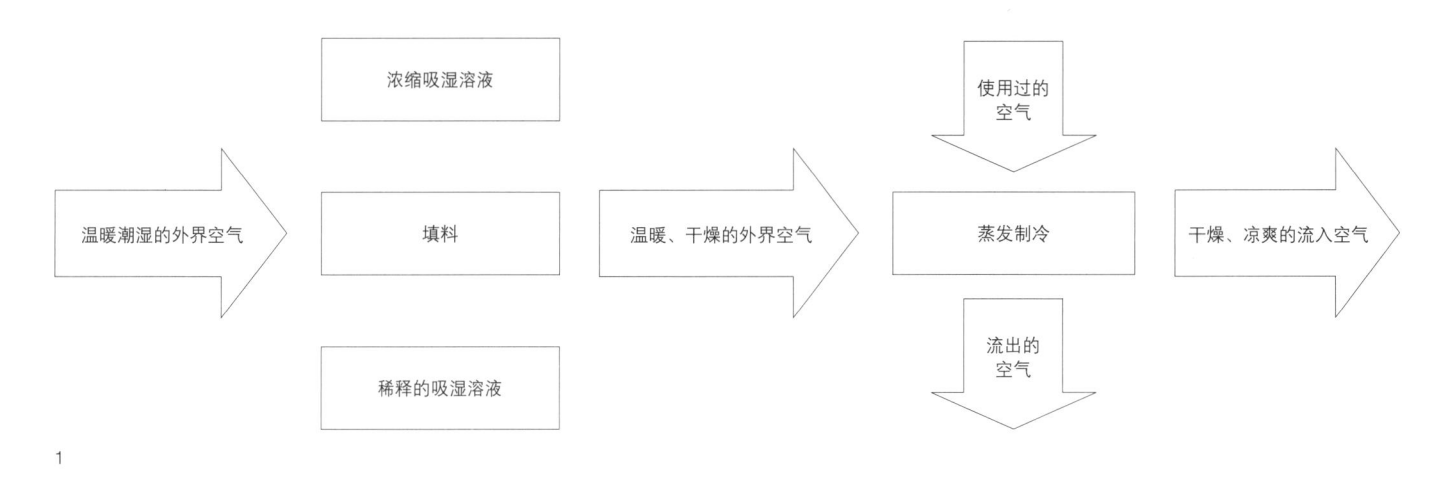

1

大程度上取决于当地的微气候，这一点在目前所安装的不同系统中存在着相当大的差异。可推算出，在环境适宜的地区，集热器面积应该在 2.5m²/kW 左右。

吸附式制冷系统的制冷性能系数大约为 0.6，比单级吸收式系统略低。然而与后者不同的是，运行此类系统所需要的输入温度较低，为 65℃至 95℃。吸附式制冷系统可以达到的低温约在 6℃至 20℃之间。为了产生出所需要的太阳热能，集热器平均面积应达到 3.4m²/kW 左右。吸附式制冷系统现已上市，然而制冷能力较低，约为 7.5kW。

吸附作用支持的空调系统

与传统空调系统相同，DEC 系统与建筑技术概念融合在一起，因此该系统是与进气系统和排气系统协同运行的。首先，对从外界进入系统内部的空气进行除湿，然后让空气进入系统内部的热交换机。同时，对于流出的、已使用过的空气进行加湿，从而绝热制冷，然后将其应用在热交换机里对流入的空气进行预冷。此后，在空调器里对流入的空气进一步降温至 16℃到 20℃。与纯粹的绝热制冷不同，吸附式除湿与直接和间接的绝热制冷相结合，能够极大地降低外部进入空气的温度，而空气的相对湿度并不会有显著的升高。

吸附作用和吸收作用均可以用于为从外部进入的空气除湿。若除湿剂为固体，则需要使用吸附轮。对于液体除湿剂，则要将

吸湿液体通过填充分散到空气流中去。为了让已吸附水分的吸湿剂解吸，必须对其进行加热。为此，先前用于绝热制冷的空气就要进一步被加热至 65℃到 95℃（比如使用太阳能），并越过已吸附水分的吸湿剂。

DEC 系统的 COP 值在 0.5 至 1.0 之间。依据所在位置不同，具体的集热器面积大约为 8.2m² 每 1000m³/h 空气流量，这样才能产生出需要的解吸能量。流量容积在这一水平时，制冷能力可以达到 5～6kW。

选择系统

选择开放式还是封闭式的系统取决于建筑物所在位置的微气候环境，尤其取决于应消除负荷的水平和构成，以及建筑物的气密性。热负荷可以通过中心空调系统、通风制冷系统或排出热空气、输入冷空气等消除。中心空调系统要求的冷却水温度范围在 18℃至 20℃之间，然而只能通过吸附式制冷系统提供符合这种要求的水。

吸附式制冷系统和 DEC 系统均可给进入系统内部的温热气降温。然而，与冷却水分布在建筑内部的中央空调系统和通风制冷系统不同，这些系统在运送冷热空气时还需要借助于大量的风管系统，如此便会造成很多问题，尤其是在整修的时候。

为了消除湿负荷（潜热负荷），就有必要对室内空气进行处

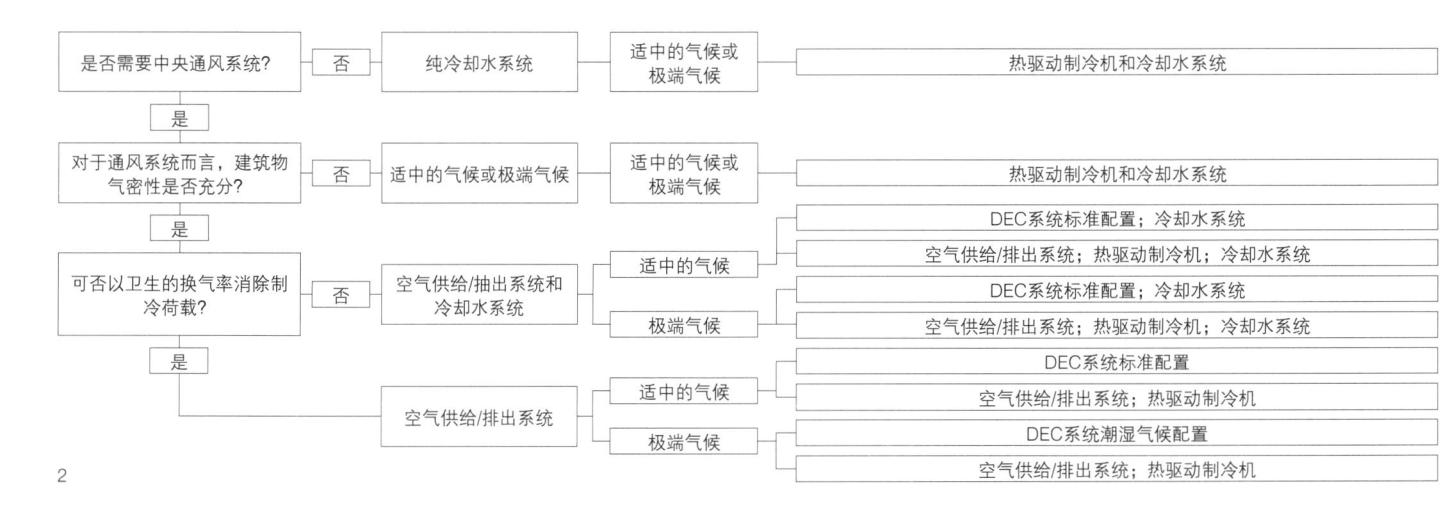

2

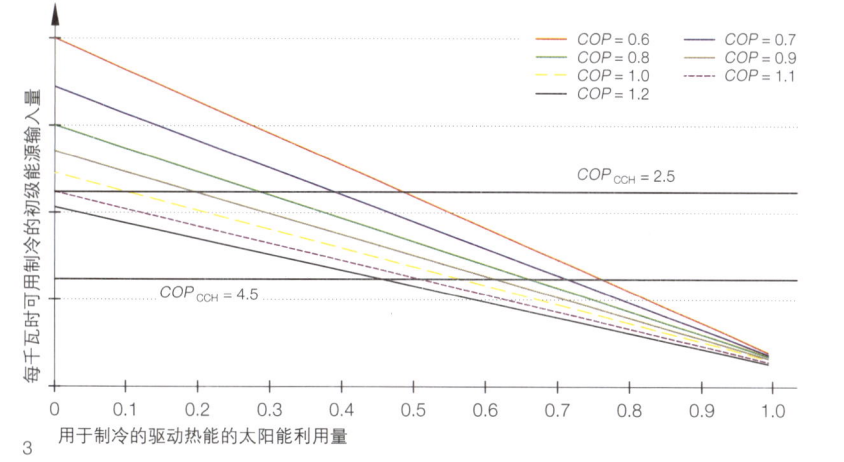

1　采用液体吸附剂的DEC系统吸
　收过程图解
2　选择太阳热能制冷系统的决策
　矩阵
3　太阳能驱动的制冷机制冷所需
　的初级能源投入，及其与基于
　压缩机技术的制冷机的初级能
　源投入数据比较
4　吸收式制冷机的平均具体成本
　与制冷输出之比
5　标准DEC系统中的吸附轮

理，或将室内的潮湿空气排出，并引进新鲜、干燥的空气。分散式除湿是可行的，让室内气体通过一个热交换器（循环装置），将其冷却至露点温度。同时，冷却水的水温应控制在 6℃ 至 9℃，可采用吸附式制冷机控制水温。这就需要有冷却水进水管、冷却水出水管和冷凝水排水管，而无需风管系统。适当的中央除湿系统应该是吸附式制冷机和空调系统或 DEC 系统的结合。DEC 系统可以整合在建筑物的通风系统之内，与基于压缩机技术的传统空调系统所采用的方式相同，同时还需要有风管系统。气流量应该与保证卫生所必需的换气量相一致。应该经常检查气流量，以保证在 DEC 系统与通风系统相结合的情况下就足以消除出现的负荷。

应用领域

由于气象条件的变化，仅由太阳能驱动的系统不能完全达到即时所需制冷输出量。因此，每年都有一段时间不能维持热舒适度。模拟实验只能估算出温度超过舒适水平的频率和时间。与采用固体吸收剂操作的系统相反，使用液体吸收剂的系统有一个优势，即能暂时储存解吸后的吸收剂。这样就有可能更加容易地将周期与低能量输入结合起来，而不用开启传统的基于压缩机技术的空调器。

假若在炎热干旱的地区使用吸附式制冷系统，在外界温度超过 32℃ 时，就需要使用湿制冷塔或类似设备进行再制冷。这就意味着有可能需要消耗水。由于 DEC 系统在运行过程中一直需

要消耗水，因此基本上不适用于炎热干旱的地区。由达姆施塔特技术大学（建筑设计与技术学院）开发的一种专门针对炎热干旱地区的程序目前正处于研发阶段。该程序基于太阳热能运行且不需要消耗水。在炎热潮湿的地区，只要保障系统的再制冷，就可以使用吸附式制冷系统。DEC 系统则需要与使用基于压缩机技术的制冷系统结合使用。

可持续性

与压缩式制冷系统相比，太阳能制冷系统在初级能源的使用方面具有优势，但前提是太阳能或可利用的废热能够提供运行系统所需热能的最低值。对于单级吸收系统而言，最低利用率为 40% ~ 75%，对于 DEC 系统而言，大约为 55%。为了在天气条件发生变化时保证供给，可以增加一个带有基于压缩机技术的小型制冷系统的太阳能制冷系统作为备用。从初级能源的消耗角度来说，在应用这种系统时（尤其当系统的性能系数不高时），通过燃烧化石燃料来弥补太阳能的不足部分并不是明智之举。

成本效益

在某些情况下，太阳能制冷系统的投入和设计成本远远高于传统系统。然而，就消耗成本而言却低于传统系统。将两个系统进行对比时，制冷过程中产生的成本与投资成本都是重要的考量因素。因此，太阳能制冷系统的成本效益和摊销尤其取决于能源成本在未来的发展前景，对于这些因素的评估只能具体问题具体分析。

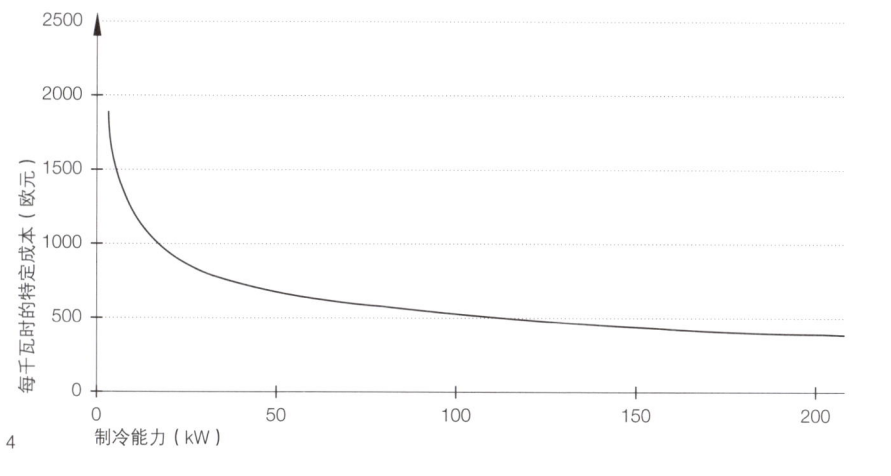

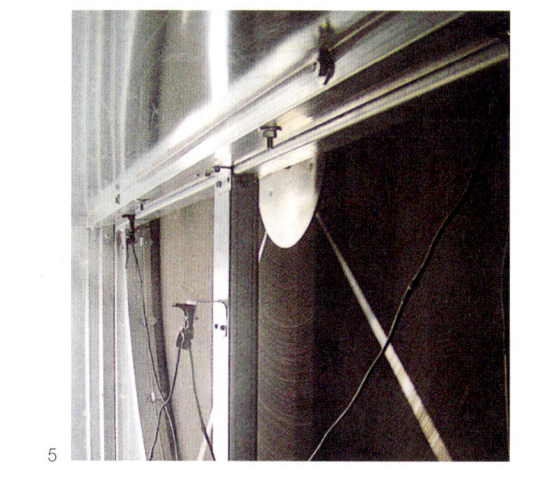

改善历史建筑的能源效率

Michaela Hoppe

为了与气候变化作斗争，欧盟承诺到2020年，要将温室气体排放量减少20%，这个数字比《京都议定书》中所承诺的更高。欧盟一亿六千万座建筑消耗了大约40%的初级能源，排放的二氧化碳也占很大的比重。大部分能耗都是用于空间供暖：私人家庭消耗量大概占71%（图4），工业及办公建筑中的比例稍低一点。这些数据很好地证明了针对建筑物进行节能减排是很有潜力的。

法律框架

2002年生效的《建筑能效指令》（EPBD）是推进节约能源的重要一步。该指令规定应在欧盟所有成员国中采用统一的标准来评估新建筑与现存建筑的能效。依据EPBD，估计欧盟的能源消耗将会减少5%～6%，二氧化碳的排放量也将会减少5%。

在德国，EPBD促进了对原有《能源节约法》（通常被称为EnEV）的修订。2007版的EnEV规定，建筑物必须取得能源证书——这是自1989年起实施的自愿执行体系。如今，这一统一标准不仅用于评估新建筑的能源效率，还用于对现存建筑进行评估。促使人们把提高能效作为所有改建工程的一部分的另一个诱因是建筑在取得任何能源证书时都必须制订现代化改造建议书。

历史建筑的能效改善

在历史建筑的改造过程中，会发生我们所推荐的能效改善措施与其保护要求相冲突的问题。这些问题是难以避免的，但是一些地区已经在计划和实施方面采取了特殊的技巧。在对整座建筑进行能效分析的基础上，针对有建筑价值的历史建筑分别制定指

导方针，以提高其能效。这些都是以对整座建筑的能效分析为基础的。如果建筑物某些部位节能潜力较小，比如内外都有装饰性的石膏制品的立面，就可以通过在其他部位安装相应的厚保温层或改良建筑系统进行补偿。例如，很多19世纪末、20世纪初的建筑沿街的立面都装饰得十分华丽，但是朝向后院的立面就十分朴素，这样就可以采用内外保温系统相结合的方法：装饰华丽的有历史意义的立面在内部进行保温，未经装饰的立面则从外部进行保温。

达姆施塔特住房与环境研究所研究的一个改造项目就展示了如何通过结合不同的保温措施达到要求标准。该项目是对威斯巴登一座建于19世纪的建筑进行现代化改造（图3），为了找出最佳节能方案，分析了下列可选方案：

- 内外保温系统相结合
- 仅使用内保温
- 仅使用外保温

图3显示了建筑物在每个方案下的能源需求，并与现代化改造之前的条件相比较，给出了可达到的节能量。最后一行列出的是在各种情况下建筑物对初级能源的需求量与2007版EnEV中所规定的新建筑能效标准的对比。从表中我们可以看出需求量值要比新建筑能效标准高出23到44个百分点。EnEV规定现存建筑的能源需求值不得高出新建筑能源需求的40%。如此说来，选择仅用外保温系统或内外保温系统相结合的方法均能达到要求。只使用内保温系统的方法是不符合标准的，只能节省很小的量。

可选方案	现代化改造之前	内外保温相结合	内保温	外保温
空间供暖能耗 (kWh/m²a)	197.9	75.1	82.2	64.9
减少		-62%	-58%	-67%
终端能耗（天然气） (kWh/m²a)	241.9	111.6	119.0	100.8
减少		-54%	-51%	-58%
初级能源使用 (kWh/m²a)	270.7	127.8	136.1	115.6
减少		-53%	-50%	-57%
与EnEV（2007）之间的百分比差额		135%	144%	123%

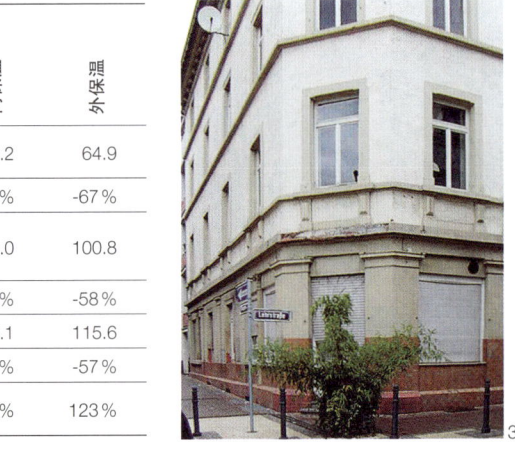

1　慕尼黑的一座住宅建筑：抹灰立面
2　希尔塔赫的一家餐厅：砖木混合结构
3　威斯巴登改造项目：临街立面、可达到的节约能源量对比（基于EnEV参数的新算法）
4　德国私人家庭能源消耗
5　慕尼黑某住宅：抹灰立面
6　通风室外覆板保护立面免受大雨的影响
　　a）原来的情况
　　b）增加覆板，没有保温层
　　c）增加覆板，带有保温层

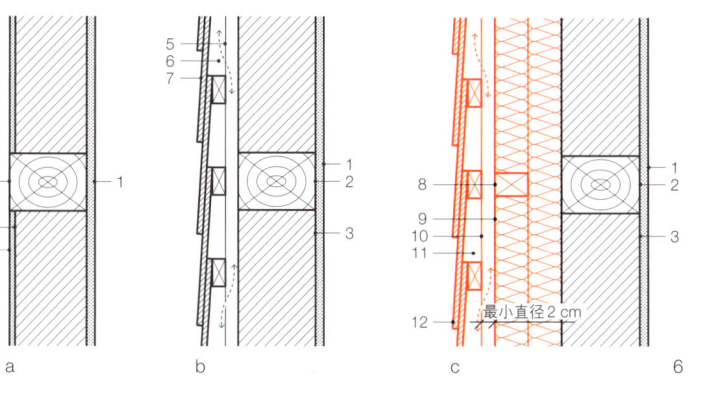

照明2%
机械能 10%
其他用热 5%
热水12%
空间供暖71%

4

Michaela Hoppe是慕尼黑科技大学建筑物理研究所的一位科研助理。她的研究兴趣主要为现存建筑的节能创新以及博物馆建筑的可持续整修。

内保温系统

内保温系统基本分为三类：

· 带有隔汽层的系统，在靠近房屋一侧的保温材料上覆有防扩散膜（阻力值$sd=0.5 \sim 1500m$）以阻止水蒸气穿透结构。

· 汽密保温板（$sd \geq 1500m$），本身就形成了一个防扩散层（图7）。

· 吸潮材料，例如矿物基保温板，可以吸收并储藏冷凝水，当房间里的湿度过低时又可将其释放到空气中（图8）。

除了能改善能源效率，内保温系统还有很多相关问题：

· 损失空间体量：在外墙内表面上进行保温会减少房间的可用空间。

· 冷凝水：内保温能有效地将温度低于露点的地方转移到建筑构件内。除非设计和施工都非常小心，否则将会导致建筑构件内部的冷凝水的容量超出可接受范围。

· 冷桥：保温层必然会在与其他构件如室内墙体或楼板等互锁连接处被打断，互锁连接构件表面较低的温度将会使这些节点产生冷凝水和发霉。

· 声音：不适合的保温材料也可能损害隔音效果。

对这些问题区域进行设计和施工时尤其需要谨慎。对于那些更加需要认真对待的建筑物而言（详见下文），在分析它在潮湿环境中的性能时则需要采用温湿仿真程序。

冷桥热损失是用每单位长度冷桥的热损失系数 Ψ 衡量的。Ψ值（单位W/mK）表示在冷桥区域每纵长米冷桥的开氏温度变化

一个单位时的热量损耗。这些都计算在建筑表皮每单位区域的热损耗内，所以内保温系统的效率不及外保温系统。

无因次温度值f是用来评估冷凝水和发霉风险的指标。这一指标描述了房间一侧表面构件的温度 Θ_{si} 与室外气温 Θ_e 之间的差异，以及室内气温 Θ_i 和室外气温 Θ_e 之间的差异这两个差异之间的关系。为避免发霉，温度因数在最差的情况下都不得低于0.7。

$f=$（内表面温度 Θ_{si} — 室外气温 Θ_i）/（室内气温 Θ_i — 室外气温 Θ_i）

如图10所示，内保温系统的冷桥热损失随着保温层厚度的增加而增加。f值恰好高于0.7的临界值，也随着保温层厚度的增加而增加。从设计角度来看，在连接处添加楔形保温材料是一个可行的解决方案（图5）。

需要更加精细处理的内保温系统

有些建筑物不能直接进行物理计算，比如有的外墙面上有裸露的木材或有的立面上有一些具有历史意义的石膏装饰品，在下大雨的时候冷凝水和冷桥问题就会同时出现。由于历史建筑中使用的灰浆通常情况下是不能防水的，因此水分会穿过外墙灰浆进入建筑构件。

在砖木混合结构建筑中，由于建筑框架和板材之间存在连接，所以这样的效果就会加剧。现代化改造之前，水分穿透建筑结构时会向室内或室外扩散。但是，在墙体内表面安装了带有隔汽层的保温层后，水分就只能向外部扩散。原有的平衡就被打破

5

1　内墙抹灰
2　砖木混合结构
3　板材
4　外墙抹灰
5　支撑框架（板条、交叉压条）
6　通风腔
7　外墙覆板（如木板）
8　新的支撑框架
9　新的保温层
10　新的板条、交叉压条
11　新的通风腔
12　新的外墙覆板（如木板）

最小直径2 cm

a　b　c

6

7

8

大雨中的暴露程度	适合的保温措施
高，例如：大面积暴露在大雨中的独立立面	・通风幕墙或粉刷外立面使用外保温 ・外墙覆层或外墙粉刷与内保温系统结合
低，例如：小面积暴露在大雨中的独立立面	・采用可渗透蒸汽的内保温系统，或有毛细管作用的系统，$R_i \leq 0.8\,m^2K/W$ 和 $0.5m < S_{d,i} < 2m$
非常低，例如：立面不暴露在外界环境中，或立面受到相邻建筑的保护	・常规内保温系统

9

了。解决方案就是使用聚酰胺自适应隔汽层，它能使水分向房间内扩散，但不能从房间内部进入建筑构件内。

对于一些只有裸露木板的传统建筑墙体而言，大雨有时并不会造成太大的问题。只要在容易遭受暴雨侵袭的立面区域外刷一层涂料，或覆一层木板、石板、瓷砖或金属保护层，就可避免受到湿气的影响。

为提高砖木混合结构建筑的能效，包覆是一种选择，从历史建筑角度考虑，这也是可行的。当建筑立面在大雨中的暴露区域较大或建筑立面不太影响建筑整体外观时，便可采用覆加保温层的方法（图10）。如果墙体上有裸露的木板或是建筑立面属于引人注目的新青年风格，保温材料应覆加在墙体内壁上。然而，这

种做法只推荐用于建筑立面不会大面积暴露在大雨中的情况下，否则将会出现霜冻或其他与潮湿相关的问题。采用内保温的方法，必须首先对建筑物受到水分影响后的反应进行调查研究，继而按照表9推荐的方法进行。

通常，用于敏感建筑的标准内保温系统可分为三类（图12）：
・在建筑表面，包括不平整的表面，安装保温性能良好、易于涂覆的涂料或砂浆覆层，可以使用的材料有：保温灰浆、保温亚黏土和纤维素纤维灰浆。
・内部采用保温饰面层：这一点可以以砖石饰面层（例如气混凝土）或带纤维保温层的立筋墙的形式完成。
・直接安装保温板：标准材料为矿棉、轻质木丝板、硅酸钙或轻质亚黏土，然后再进行粉刷。

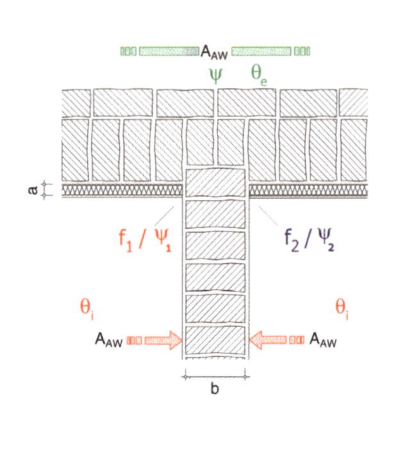
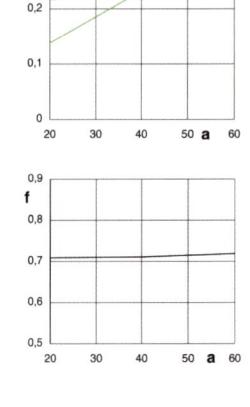

10

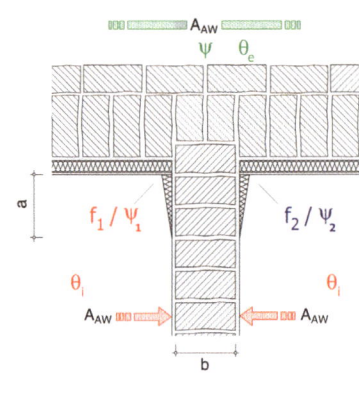
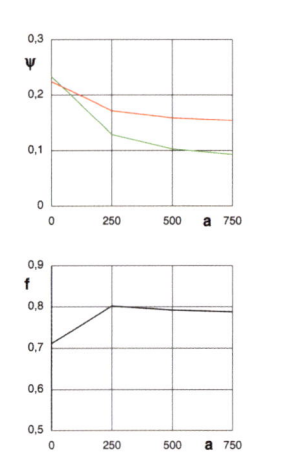

11

1 内墙抹灰
2 砖木混合结构
3 板材
4 外墙抹灰
5 保温灰浆，双层
6 内墙抹灰，新
7 支撑框架，双层
8 保温层
9 内墙板
10 隔汽层
11 设备管线空腔
12 内墙覆层
13 保温板，如有必要可选用带有隔汽层的保温板
14 内墙抹灰

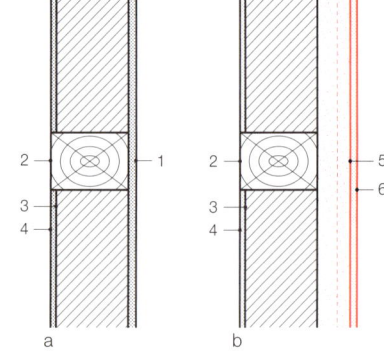
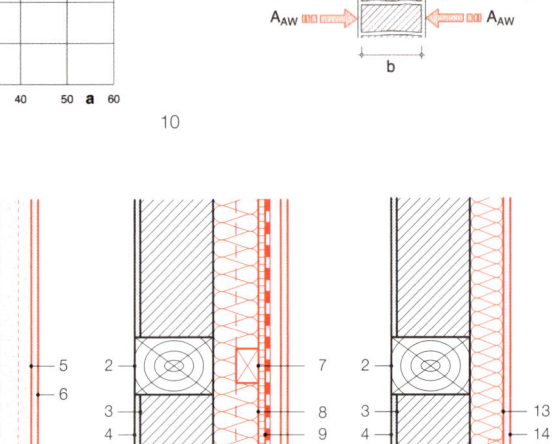

a

b

c

d

7 带有不渗透性薄膜的内保温
8 材料具有毛细管作用的内保温
9 选择合适保温材料的指导方针
10 外墙/内墙连接，内墙：外墙内侧保温
11 外墙/内墙连接，内墙：外墙内侧保温，连接区域保温层楔入
12 提高砖木混合外墙能源效率的方法：
　a）原来的情况
　b）抹灰
　c）面层
　d）保温板

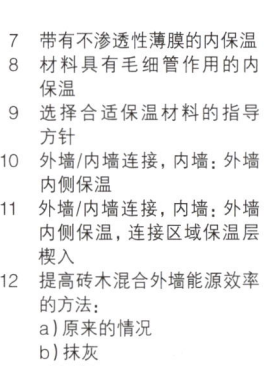

12

材料的可持续利用：木材及木制品

Martin Zeumer, Viola John, Joost Hartwig

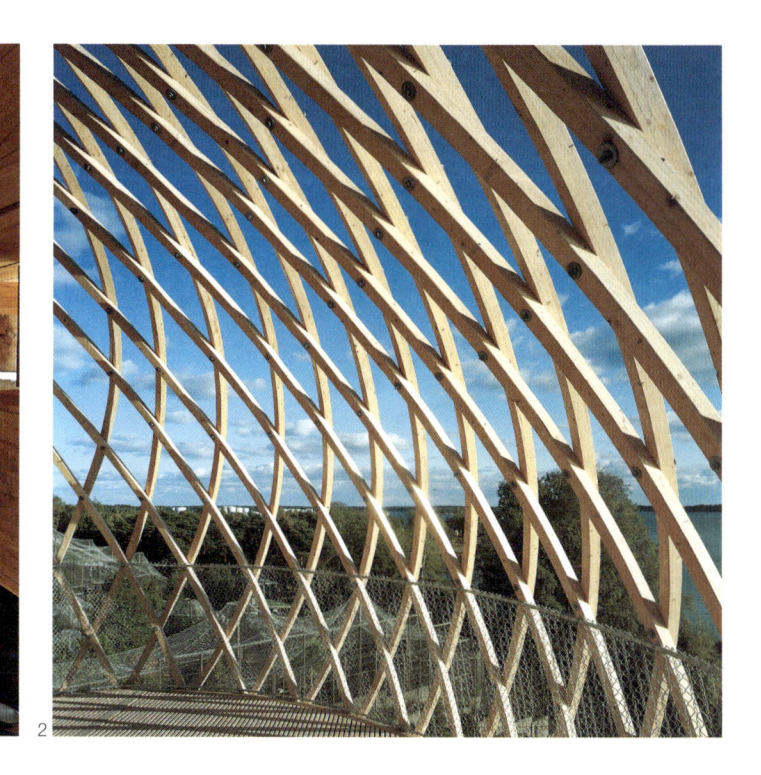

1

2

由于种种原因，几乎在所有地区的建筑中，木材和木制品都被看作是"可持续"产品。木材的用途广泛，各种各样的建筑结构及建筑方法都证明了木料应用于建筑已经有很长一段时间了。木材通常也算是一种节省成本的建筑材料，适合于预制、简单加工以及资源节约型的建筑方法。此外，木材还具备良好的热工性能，潮气不容易穿透，因此木材在保证室内空气质量方面起着积极的作用。

就木材的环境生命周期评估而言，支持木材的论据是极具说服力的，因为木质建筑被认为是环境友好、不影响气候的。树木在其生长的过程中会吸收大气中的二氧化碳，然后以碳的形式将其存储在木头里。每吨干原木像这样从空气中吸收的二氧化碳大约有1850kg。而且，经过加工之后，这些碳仍存在于木材之中。虽然生产木材加工所需的胶黏剂时需要能量，而生产这些能量时会排放出二氧化碳，但是排出的二氧化碳量通常都少于存储在木头里的量。

当木制品到达其生命周期的尽头时，最常见的处理方法是将其进行加热处理，通过这种方法，二氧化碳会释放回大气中。燃烧产生的热量可用于为建筑物供暖（局部或集中供暖）和发电。这样就降低了对化石燃料的需求，从而降低了为满足采暖和电能需求所产生的二氧化碳排放量。但是，如果木制品是复合产品的话，这种优势就消失了。使用木制品而节约的排放量被视为物质环境生命周期评估的一个优势（从生产到处理的排放量）。因此，通常情况下木头对于解决全球变暖问题有着积极的潜能。所以，很多建筑师认为使用木材并不仅仅是一种技术方案，还是一个信仰问题，这一点并不令人吃惊。如此教条的普遍化却没有说明在何种复杂的情形下，木材可以用于建筑，而且在很多关键的问题上都没有提供答案。木材在建筑物中，真正的可持续价值往往取决于使用的产品和/或所进行的工程。

生产工艺

从生命周期评估角度看，木材用于制造产品时的加工程序越多，优势就越小。

依据产品的不同，在切割过程中，50%以上的原木都"丢失"了。制造商将这些废料收集起来，作为原料制造成新的木制品（如木屑板或定向刨花板），或用作烘干木料的燃料——这种

Martin Zeumer和Joost Hartwig是达姆施塔特技术大学设计与能效建筑系的科学助理。
Viola John是苏黎世瑞士联邦理工大学可持续建筑系的科学助理。

木材的设计策略
1　"碳存储策略"
　　日本Kumamura的度假屋
　　建筑师：藤本壮介，东京
2　"功能优化"策略
　　芬兰赫尔辛基动物园的瞭望塔
　　建筑师：威尔·哈拉，赫尔辛基
3　不同木制品的碳存储潜力（加工+热开发），
　　根据Ökobau.dat

方式相对而言更加环保。热能去除木材中的潮气。这样一来，碳存储能力就通过转移到木制品的加工过程中而得以保留。至于在施工现场产生的废料，这种正面效应就基本上没有了，因为建筑废料一般都直接烧毁了。

　　烘干木材会对环境造成重大的影响，烘干的过程中要消耗大量的能源，而且会向大气中释放二氧化碳。生产木制品所使用的胶黏剂占成品的2%～15%，也会对环境造成重大的影响。合成胶黏剂是最常使用的，例如聚氨酯（常见于木屑板、保温板、中密度纤维板和定向刨花板）。使用的胶黏剂向空气中释放甲醛或多环芳烃（挥发性有机化合物）量较少的产品对室内空气质量的影响较小。

　　在设计阶段要考虑到木制品在使用前进行的不同加工方式所带来影响：
　　·使用低技木制品
　　木料的碳存储功能只有在木材保持尽可能天然的状态下才能得到最好的发挥。这也就意味着建筑物潜在的碳存储能力可以通过增加更多的木材成分得到提高。为了达到这个目的，建筑结构

内部必须有足够的空间来存放不规则的木块。就是说，建筑设计要允许有较大的偏差，或者建筑物外表的木材部分要设计粗糙的表面纹理。
　　·使用高技木制品
　　由于木制品本身已经过多次加工，因此对它而言，较高的碳存储效应就无从谈起了。这样一来，重点就转移为如何通过使用这种高性能产品而节约更多的材料。工程学方法和设计创意可以让建筑物看上去更加明快，降低视觉上的沉闷感。两种方法可供选择。特别是在结构框架中，木材被加工成杆状构件时，是一种很高效的材料。此外，木头还具有重叠功能（即单一构件同时具备结构性、功能性、物理性以及设计性等多重功能），因此，更有助于提高建筑物的材料效率。

　　轻质隔墙的出现挑战了木材适用于所有情况的信条。木立筋墙和金属立筋墙所消耗的能量都很小，易于替换，且在其中结合新技术非常灵活。与木立筋墙相比，金属立筋墙初级能源含量较低（320MJ/m^2），但这些能源大多都是不可再生能源（307MJ/m^2）。木立筋墙是碳存储容器，金属立筋墙则是一种金属的"资源存储器"。从生态角度看，二者相当。

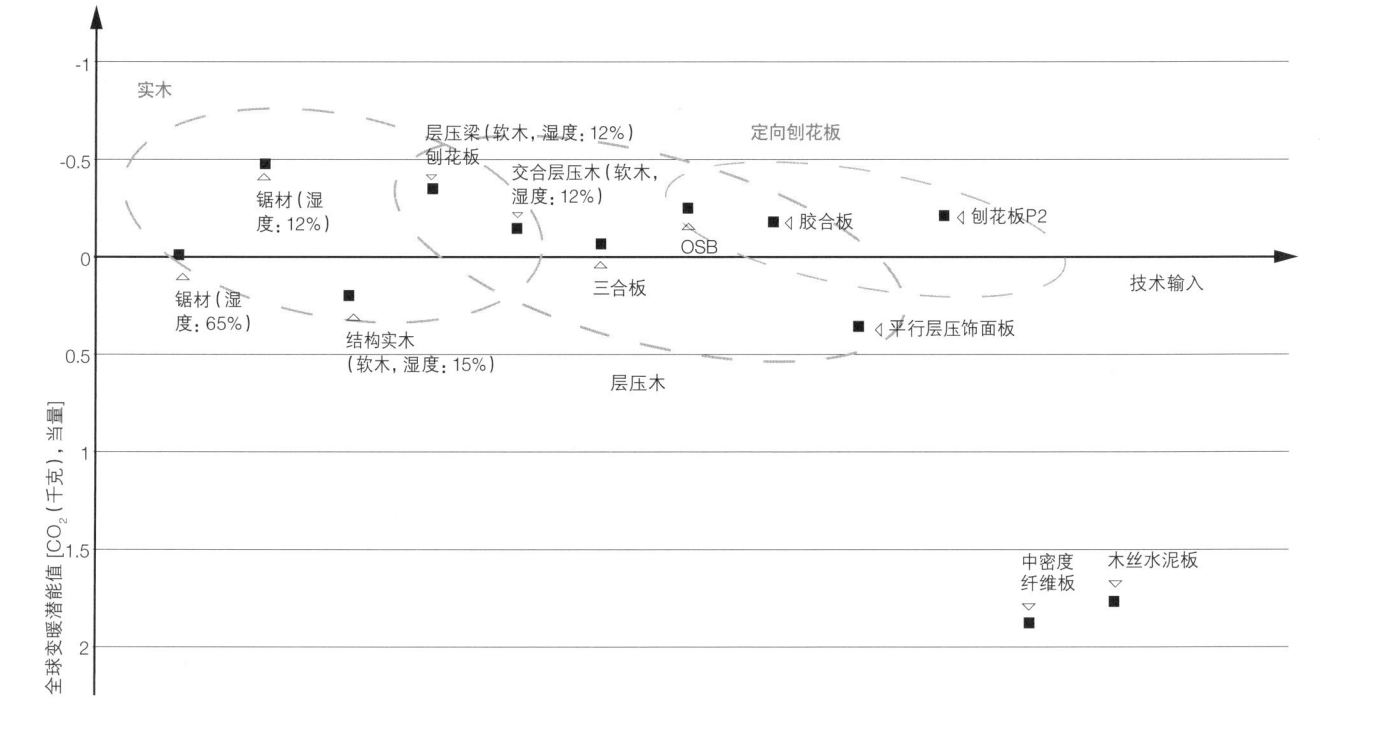

3

木制品——应用与环境评估

材料/应用	柱/梁	承重/支承材	干砂浆	室内装修	家具	
实木板	o			o	–	未经加工的产品，干燥处理时消耗能量，胶黏剂比例低。
胶合层压木	+					云杉，原木外表（有时需要长距离运输），通常有可能获得未经化学防腐剂处理的原料，胶黏剂比例低。
胶合板						
饰面胶合板：芯块胶合板/层压板		o	o	+	+	资源消耗量高，电能消耗量高，胶黏剂比例高。很多进口产品热带木材比例高（注意查看国际森林管理委员会认证）。
平行层压饰面板	–	–				资源消耗量高，电能消耗量高，胶黏剂比例高。与其他木制品相比，环境生命周期评价值低。
刨花板						
平压层压板		+	+	o	–	使用木材边角料制成，胶黏剂含量一般。胶黏剂含甲醛，注意查看生态标签
水泥刨花板		o	o	o		木材含量低，生产过程中消耗大量的能源和胶黏剂。不可回收。不属于"能源附加"产品。
定向刨花板		+	+	o		使用刨片制成。电能消耗量高，胶黏剂比例一般。
纤维板						
中密度纤维板				–	–	使用刨片制成。胶黏剂比例高。胶黏剂含甲醛，需查看生态标签。

灰色：适合或允许使用；+：对环境影响较低；o：对环境影响一般；–：与其他产品相比对环境影响较大

长期使用的木材

建造合理的木质结构可以长期表现出良好的性能。木质建筑一个有趣的方面就是在其建筑设计时要仔细考量木材不同年限的变化。为了达到高碳存储量，木制品应该在层叠原则下进行多次使用和再利用。这就意味着，在日常建筑实践中，结构要易于拆卸和移动，而且在拆卸和移动过程中不受损（通常使用机械连接）。重要的一点是木质构件不可经过太多的化学处理，以免对后来的再利用产生影响。在很多情况下，会采用结构方法来代替化学防腐剂或涂层（如，为木构件提供良好的通风、设计悬挑屋顶，选择抵抗能力强的木材等）。

在这样的系统中，同时在生态影响和建筑设计本身两个方面都能产生积极意义的材料范围就很有限了，使用较少的构件并且构件采用较少的层也能够降低建筑物的复杂性和减少建筑物维护需要。

短期使用的木材

木材同样适用于临时性建筑。如果将生命周期尽头即燃烧纳入考虑，那么很多木制品的环境生命周期评估值就会高。因此，大量使用木材对于从使用化石燃料向使用可再生燃料转变有着重要的意义。另一方面，尽管木材是一种可再生能源，但是一次究竟可以使用多少呢？当砍伐的树木多于新种植的树木时将会造成过度开采。从这个意义上讲，修建临时性建筑应该使用非常高效的材料。

建筑设计过程应该充分考虑木材的老化特点（尤其是用于立面时），然而对于临时性建筑而言，这无疑是多余的。这种情况下，要重点考虑的是材料的快速更新（和技术细节的快速更新），以及降低建筑构件的质量。对于这种建筑而言，通过其使用的木料就能够看出流行趋势和时代精神。

数字风暴：高电压技术用于建筑自动化

Richard Staub

建筑自动化逐渐成为了绿色建筑设计中越来越重要的一个方面，特别是因为它可以带来能效的提升。为了全面开发自动化的优势，必须在设计过程之初就对其加以考虑。这样做的另一诱因是关于"建筑能源性能、建筑自动化、建筑控制以及建筑管理的影响"的新欧洲标准EN15232。这一标准确定了建筑自动化的四个等级：从A（高能效）到D（不节能），并且详细描述了自动系统达到A级或B级的需要。实施建筑技术管理系统可以近距离检测建筑内部的能量消耗，从而不断优化能源效率。多年以来，很多设备管理者就执行着这样的监控系统功能，为可持续性做出了重要的贡献。如果投资者能够用生命周期成本代替纯投资成本的话，他们将会对投资建筑项目更有兴趣。

在未来，随着多种认证体系的引进，如Gebäude-Energieausweis以及德国可持续建筑认证标准，每座建筑的生命周期成本都可以获得。德国可持续建筑认证体系是一个很先进的体系。其将所谓"软性"因素纳入了评价体系。这些因素，如用户舒适度指数，经常出于能源、建筑或经济考量而被忽略。因此，在过去，建筑完工后不久经常又需要返工。遗憾的是，这个问题在整个建筑和建设部门一再地出现：用户在入住之后很少被问及建筑的功能性和接受性等级。通常类似的错误会一再地出现。

可持续性：避免不必要的操作

避免不必要的操作是现代调控系统对可持续性的一大贡献：为什么当居住者外出工作时还要打开暖气口呢？其次，单独控制使用户能够按照自己的需求调节暖气、通风和照明。这也许是

建筑系统技术为可持续性做出的最为主要的贡献，因为用户只接受让自己感到舒适的空间。研究表明，尽管用户可以选择开窗通风，但是他们对于通风系统的接受程度依然是最高的。

建筑自动化的主要方针应该是：当用户在场时，他可以有完全的控制权，当其离开时（由人体感应器识别）则由自动化系统进行控制，对总体平衡进行调节以实现最大效能。另一建议是将个人控制端设置在工作场所附近，理想的位置是设置在私人电脑上或通过电话进行操作。如若在规划之初即考虑这一建议，由于目前IP技术的广泛应用，将这一建议付诸实施产生的成本也不是很高。

首批分散控制的自动化系统——智能建筑控制系统(EIB，现在为KNX)和LON于十五年前上市。如今，基于以太网协议TCP/IP的互联网在建筑自动化中的应用也越来越广泛。但是，这些系统仍然存在一定的局限性：照明、通风、百叶的驱动系统等在很多年之内尚不能产生IP节点，而且通过以太网现在使用的标准星型布线拓扑将办公大楼里大量的设备连接起来并非可持续的。虽然KNX和LON都占有一定的市场，但是两者的成本较高，在功能方面也常常不能达到最佳状态，况且由于工程复杂以及系统集成，运行费用也比较昂贵。

旧思路，新技术

要改善现状，就需要采用新的技术，这也正是数字风暴介入的原因。数字风暴是通过网络界面将电子产品与整体系统以及外

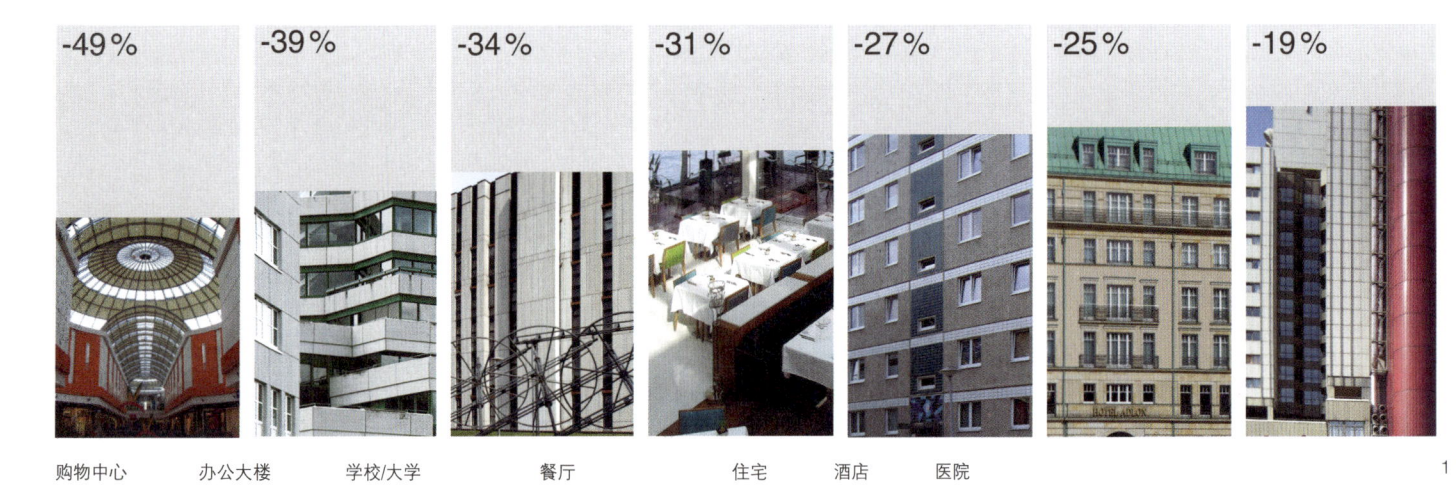

-49％　　　-39％　　　-34％　　　-31％　　　-27％　　　-25％　　　-19％

购物中心　　办公大楼　　学校/大学　　餐厅　　住宅　　酒店　　医院

1

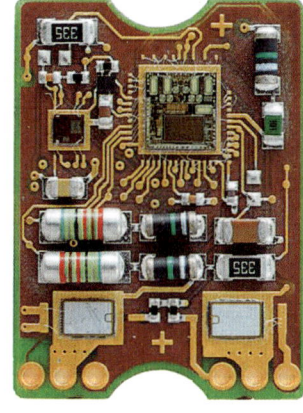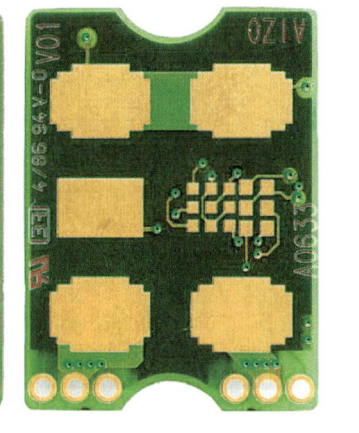

2

理查德·斯特伯是一名电气工程师（苏黎世联邦理工大学）、电学家和系统集成师。他创办了BUS-HOUSE咨询公司，曾经在建筑自动化和智能建筑技术领域担任过职业记者、讲师以及副经理职务。

部服务器联系在一起的一种方式。系统的中心是一个由aizo AG发明的蚂蚁般大小的芯片dSID，它是数字风暴的识别符。将它固定在部件及设备内部之后，部件和设备之间就可以相互沟通，就可以对各个部分的功能进行监视和控制。沟通即可在现有的230V输电干线上进行，但并不采用传统的频率叠加方式，而是在设备的电源中断时通过数字技术在交流电正弦波的零交叉点上进行沟通。

由于这一技术是以现有的电力网络为基础，因此数字风暴不仅适用于新建筑，而且适用于既存建筑，这一点很重要。不需要在墙体上开孔，也不需要铺设新的电缆。

每个电气回路中的各个部件的互动基本功能已经在每个芯片上烙下了痕迹。另外，可以通过一个浏览器来对这些功能分别进行调试。

色标编码系统支持数字风暴的直观操作：黄色代表光线、灰色代表阴影、绿色代表通道、蓝色代表通风等。建筑结构（基本区域）反映在数字风暴仪表（dSM）上：数字风暴芯片（dSIDs）的位置依此而定。所有在同一基本区域内同色的数字风暴芯片"遵守"相应的指令。因此，数字风暴会"思考"各种功能。如"太亮""太冷""我快要熄灭了"（这可能意味着：所有的电器都已经断电了！）。所有的部件都依照常规电器设备安装程序进行安装，因此它要比现在使用的总线系统更便宜。

高压芯片

数字风暴芯片（dSC）是全世界范围内第一个可以直接连接在230V电源干线上的高压芯片。仅仅一个部件就可以形成一个设备网络。电源装置和处理器集成于数字风暴芯片中。它可以提供四十余种功能，还有一个230V的输出调制器可供选择，这个调制器可以调暗光线。数字风暴芯片的交流在电路内部通过数字风暴仪表（dSM）进行，仪表安装在短路开关旁的熔线盒里。多个数字风暴仪表可以通过标准化协议进行相互交流。同时，它们可以通过安装在线路上的数字风暴服务器（dSS）提供通向互联网的通道。数字风暴在解决待机问题方面也做出了很大努力。在这方面它将电器的待机能耗从3～5W的标准范围降低到0.3W以下（当前版本）。接下来的版本的目标是将其降低到更低的0.1W。电力行业对数字风暴同样也有浓厚的兴趣，因为它除了可以提供特定设备详细的耗电量数据之外，还可以通过灵敏的仪表控制各台设备。

数字风暴是一个开放的标准。每个人都可以根据自己的需求进行应用，建立自己的设备或提供自己的服务——与Linux操作系统或维基百科领域的类似原理保持一致。此刻，数字风暴正在通过一系列的实验项目进行测试，为批量生产做准备，并于2010年上市。

1　建筑自动化的能源节约潜力
　　（根据EN15232）
2　数字风暴芯片
3　数字风暴：操作流程

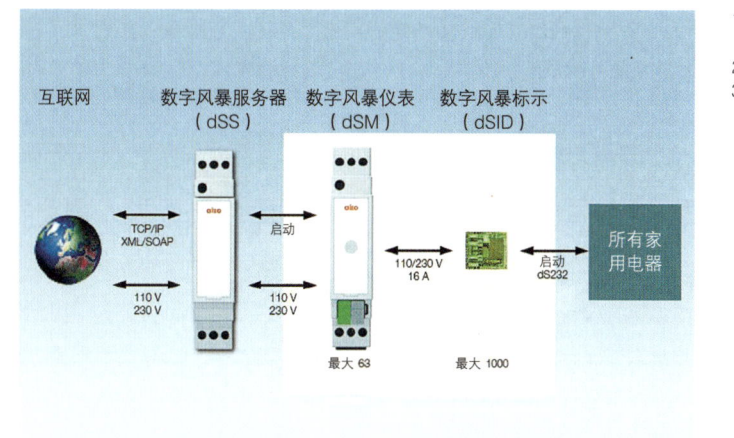

3

5 产品与材料

立面及窗户

隔热效果更佳的六格式系统

专为被动住宅设计的Prestige窗户系列产品拥有特殊的六格式系统。该系统中的一款产品的U值可达到0.80W/m²K，这多亏了填充的膨胀聚苯乙烯保温材料；如果与保温性能高的玻璃产品搭配使用的话，U值可以进一步降低到0.67W/m²K。据制造商介绍，这些被动式住宅窗户产品与标准化窗户在外观上是没有任何区别的。Prestige产品适用的玻璃厚度为20～44mm，因此可以与较厚的保温隔音玻璃搭配使用。

Inoutic/Deceuninck GmbH
Bayerwaldstr. 18
D-94327 Bogen
Tel.: +49 9422 821-0
Fax: +49 9422 821-107
E-Mail: info@inoutic.com
www.inoutic.com

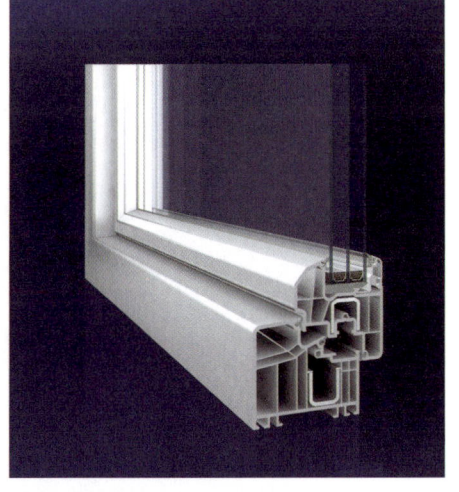
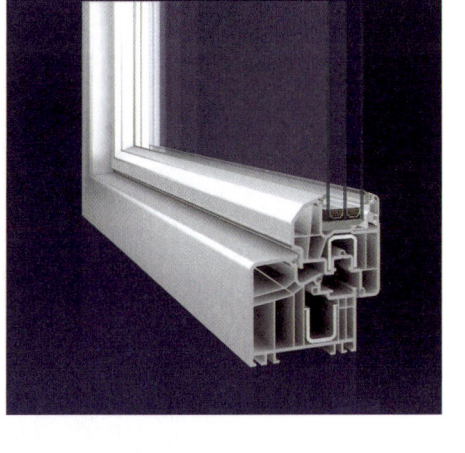

Prestige窗框构件，剖面细部

被动住宅适用产品

Optiwin公司提供木质窗户和铝木结合式窗户，由达姆斯塔特被动住宅研究所授权，可以在被动住宅中使用。wood2wood型号的窗户（装入后）U_w值为0.79W/m²K，并配有三层玻璃。窗框中装有一个内层，它承担了整扇窗户的功能，另外还配有一个外层，翻新或更换起来非常方便，只需旋出连接片即可。目前，外层的可选材料包括橡木、落叶松或云杉；内层则可以选用任何适合窗体的材料。

铝木材质的窗户alu2wood与wood2wood拥有相同的基本结构，但外层是用铝材制成的，其框架宽度非常小。而且窗框外侧几乎可以完全隔热，这就意味着这种窗户可以很好地满足对细致线条有特别要求的设计。

木质窗户："wood2wood"，窗框细部

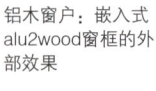

铝木窗户：嵌入式alu2wood窗框的外部效果

Optiwin GmbH
Wildbichlerstraße 1
A-6341 Ebbs
Tel.: +43 5373 460 46
Fax: +43 5373 460 46-40
E-Mail: office@optiwin.info
www.optiwin.net

电铬玻璃

光照控制玻璃Infraselect允许用户对玻璃的采光量和能源传递进行个性化掌控，因为采用了电力驱动的纳米结构涂层。其运作以电铬效应为基础：保温玻璃的外层被电铬层压玻璃板所取代，在低压电源（5V以下）的作用下，玻璃上的涂层会变成蓝色。电流激发了涂层中的离子交换活动。面积为100cm×100cm的玻璃变色最多只需12分钟的时间。颜色逐渐发生变化，而住户基本上察觉不到。

光照控制玻璃的性能是从选择性——透光率与总的能源传导的比值（根据EN 410的g值）——上来体现的。Infraselect产品可使两项指标都发生变化。双层玻璃的g值为12%～36%，三层玻璃则为10%～30%。透光率可以设定为15%～50%，或者14%～45%。

每块Infraselect玻璃板都通过一条电缆与电控装置相连，可以单独调控，采用手动调节的方式将玻璃设定到五个传送等级中的任意一个上。最多由30块玻璃板组成的整个立面也可以作为一个整体统一调控。或者，也可以把电子设备连接到建筑物控制系统的总线中，进而可以达到同步的传导改变效果。此外，还可以窗体增加额外的功能，如隔声或防盗功能。

正常状态下的
Infraselect玻璃......

Flachglas MarkenKreis GmbH
Auf der Reihe 2
D-45884 Gelsenkirchen
Tel.: +49 209 91329 0
Fax: +49 209 91329 29
E-Mail: info@flachglas-markenkreis.de
www.flachglas-markenkreis.de

......通入5V电流后
变成蓝色

负碳排放混凝土

Tradical Hemcrete是一种麻刀石灰墙体材料，既可以现场浇注到承重木框结构中，也可结构或非结构砌块的形式得到应用。该材料由麻刀石灰和石灰基的黏合剂混合而成。

根据Lime Technology（石灰技术）有限公司的介绍，Hemcrete在每立方米墙体中可锁入约110kg的二氧化碳。一座典型砖式建筑的二氧化碳排放量为20t，因此用Tradical Hemcrete建造同款住宅的话就可以少向大气中排放大约10t的二氧化碳。现场浇注的Hemcrete不属于载荷材料。人们通常将该材料喷涂到被置于墙体中央的一个木框架上。可以在外墙上加一些终饰，如抹灰、木覆层、瓷砖或木瓦挂件、砖砌面层。

结构用Hemcrete砖的密度非常大（1120kg/m²），导热系数也相当高（0.36W/mK）。但与密度相同的传统砖块相比，其保温性能更佳，而且可以在阳光明媚的时段内吸收并存储热量。

现场浇注过程中的
Tradical Hemcrete

Lime Technology Ltd.
Unit 126, Milton Park
Abingdon, Oxfordshire
GB-OX14 4SA
Tel.: +44 845 603 1143
Fax: +44 845 634 1560
E-Mail: info@limetechnology.co.uk
www.limetechnology.co.uk

移去模板后的
Hemcrete墙体。部分
木承重框架仍然可见

保温材料

九层多壁板

九层多壁板，Lexan
Thermoclear：剖面细部

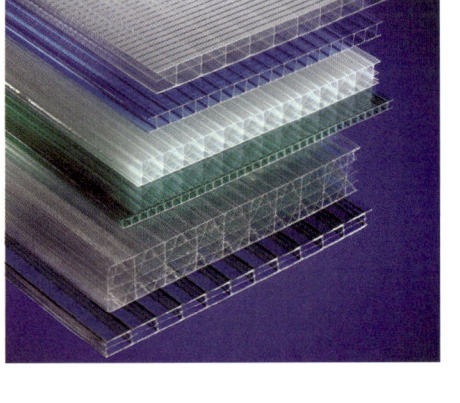

Thermoclear系列产品

SABIC创新型塑料宣布该公司已研制出世界上第一款U值在1.0W/m²K以下的多壁聚碳酸酯板。有了它，人们就可以提升阳台和温室半透明板的保温性能，在工业用屋顶窗户和大厅屋顶等处也是一样。属于Lexan Thermoclear系列的这款板材具有九层式X结构。板的厚度分为35mm、45mm、60mm，其U值为0.985～1.187W/m²K，比填充氩气的双层玻璃（1.4W/m²K）低出许多。多壁板分乳白色、光照控制的绿色和无色三种。板的两面都经过紫外线防护处理，以防御室外的风吹日晒，该产品经受住了4000小时的耐候性测试，相当于在温和的室外气候环境中暴露十年的时间。

SABIC Innovative Plastics
Plasticslaan 1
PO Box 117
NL-4600 AC Bergen op Zoom
Tel.: +31 164 292911
Fax: +31 164 292940
www.sabic-ip.com

透明、高效

从厂商处直接获得的
Nanogel是一种纳米孔洞
状凝胶物质

气凝胶是世界上最轻、保温性能最好的材料之一。由于整个体积中的95%是空气，因此该材料具有透光性，这种颗粒状的纳米孔洞硅石物质拥有0.018W/mK的导热系数——比其他保温材料，如聚氨酯泡沫，低出一半还多。区区25mm厚的气凝胶就可以提供0.64W/m²K的U值。透光度为每厘米厚80%；因此，即使25mm厚的气凝胶，其透光度仍能达到55%。气凝胶（美国－美洲Cabot公司冠名为Nanogel在市场上销售）主要用作填充材料，如超市、工业设施、医院、学校里的高保温、半透明玻璃板。一般情况下，用Nanogel填充过的立面无需额外添加遮阳板，这同样有助于节省成本。法国西部的一座体育馆的立面上采用的就是用Nanogel填充的聚碳酸酯多壁板；据Cabot介绍，其建筑成本比配有外置遮阳板的空腔式墙壁要低大约20%。

配有Nanogel填充立面的
体育馆

Cabot
Interleuvenlaan ,15 i
B-3001 Leuven
Tel.: +32 16 392578
Fax: +32 16 392579
E-Mail: eu_nanogel_sales@cabot-corp.com
www.nanogel.com

统一化保温处理

Thermafleece建筑保温材料是用英国山地绵羊的粗羊毛制成的。其密度为25kg/m³，相应的K值为0.039W/mK。Thermafleece的隔声性能已经参照ISO 354:1985/BS EN 20354:1993的相关标准接受了测试，且有助于建筑物达到E章程中关于吸音效果的相关要求。羊毛纤维的吸潮特性意味着Thermafleece有助于控制室内湿度。羊毛在吸潮之后会释放热量，释放水汽的时候则会吸收热量，这样可以进一步稳定空气温度。

"经典式"Thermafleece的厚度分50mm、75mm和100mm三种，呈棉絮状，而Thermafleece PB20的密度则要低一些，属于紧实的卷状保温材料，其中加入了一种回收涤纶材料，使其体积压缩了60%，因而尤其适合loft式公寓使用。

含有Thermafleece的室内保温结构

Thermafleece PB20保温材料是成卷出售的。其中包含绵羊毛和回收涤纶

Second Nature UK Ltd.
Southlands Gate
Dacre, Penrith, Cumbria
GB-CA11 0JF
Tel.: +44 17684 86285
Fax: +44 17684 86825
E-Mail: info@secondnatureuk.com
www.secondnatureuk.com

用木质纤维制成的保温表皮

木质纤维板是所有保温材料中蓄热性能最高的一种。这一特性使它成为砖砌结构的外保温材料的最佳选择，直到今天，矿物纤维或聚苯乙烯一直是此类应用的标准选择。现在，以HFD外置实心板为基础性结构，Inthermo产品可以形成一套外墙保温系统（无需支撑性框架），外置实心板可直接安装到砖砌外壁上。这种可直接安装的材料同样适用于现代化工程。实心板的导热值（精确值）为0.043W/mK，密度为150~179kg/m³，防潮气扩散指数为5。

据厂商介绍，与传统保温材料相比，此款木质纤维保温系统的其他优势包括：该产品在夏季具有良好的隔热性能，这是因为板材具有较高的蓄热性能和稳定性（抗压性大于等于20kPa）。板材具有防水性，可在室外使用。其表面可以添加一层轻质矿物抹灰、硅树脂或清水水泥石灰灰泥。

Inthermo GmbH
Roßdörfer Straße 50
D-64372 Ober-Ramstadt
Tel.: +49 6154 71-1669
Fax: +49 6154 71-408
E-Mail: info@inthermo.de
www.inthermo.de

Inthermo外壁保温系统：分层展示

光电板

systaic出品的"能源屋顶"：
全貌

背载式安装框架

能源屋顶——功能整体化解决方案

systaicAG公司出品的"能源屋顶"是一款整体式太阳能屋顶。每片模块——面积大约为1m²，可搭配任意一款太阳能电池——可生成130Wₚ的电量。从外部你看到的只是一片连续的无框玻璃板，没有任何明显的固定痕迹。每块玻璃板后面都有一个框架支撑；该框架内也包括了全部的线缆、二极管和复合式电力连接系统。systaic公司出品的这款能源屋顶有一个新特性——它管理热量的方式。作为安装在建筑外围护结构之外的另一层附加结构，能源屋顶可以通过控制夹层空间的通风情况，起到主动隔热装置的作用。与传统的光电系统不同，未被利用的热辐射能在屋顶上被采集起来，并就地投入使用，如用到热力泵中。systaic公司经过计算后得出如下结论：就全年的平均情况而言，只需33片能源模块就能满足一个两口之家的能源需求，使其告别矿物燃料。针对没有热泵的用户，systaic公司推出了可以安装在能源屋顶上的传统式太阳能集热装置。

systaic AG
Kasernenstr. 27
D-40213 Düsseldorf
Tel.: +49 211 828 559-0
Fax: +49 211 828 559-29
E-Mail: mail@systaic-ag.com
www.systaic.de

StoVerotec太阳能立面

垂直光电板

StoVerotec公司与Würth Solar公司合作开发了一款新型光电模块，该模块可以嵌入到通风的幕墙结构中。与StoVerotec公司出品的所有立面板产品一样，该模块是借助背面的铝框固定在墙体上的。从外观上很难看出固定节点。矿物棉在这里用做保温材料。

在产品的生产过程中，工人把光电模块压合到一个底板上，形成一种夹心板结构，该底板是用回收吹塑玻璃颗粒制成的。吹塑玻璃颗粒的孔洞中封入了大量的空气，因此，20mm厚板材的自重值只有10kg/m²。与电源之间的连接非常简单，而且毫无障碍，电线可以掩藏在保温材料和板材之间的空隙中。

这款新立面板是以CIS薄膜工艺为基础研发而成的，与晶体太阳能电池不同，这款产品有多种颜色可供选择。但颜色不同，产品的性能也会相应地受到影响：颜色越深，性能越差。StoVerotec公司经过计算后得出如下结论：无论颜色如何，每平方米光电模块的年发电量为55～80kWh。

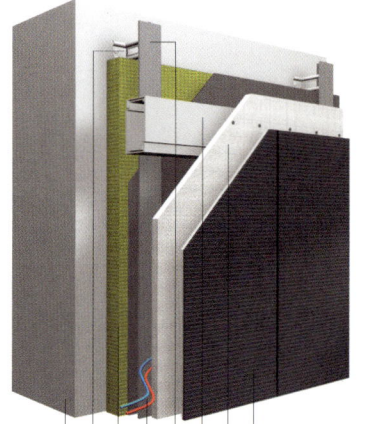

立面结构分层
1　墙体
2　墙装托架
3　羊毛背衬保温板
4　线缆
5　T形构件
6　固定轨道
7　20mm底板
8　CIS光电模块

StoVerotec GmbH
Hanns-Martin-Schleyer-Str. 1
D-89415 Lauingen/Donau
Tel.: +49 9072 9900
Fax: +49 9072 990160
E-Mail: infoservice.stoverotec@stoeu.com
www.stoverotec.de

Mira太阳能路灯

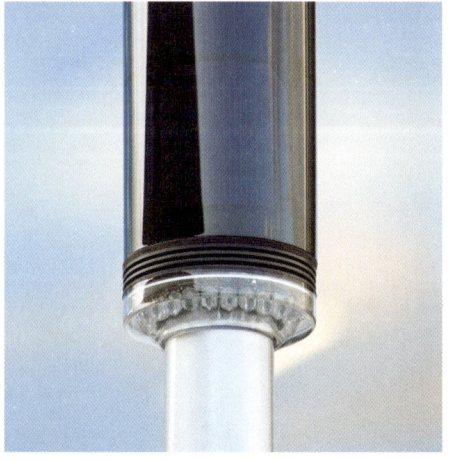

Champ立柱式路灯：细部展示的是太阳能模块和内置LED

独立式光电路灯

传统街道照明成本中的80%左右都花在了挖沟施工和线缆铺设方面。奥地利制造商HEI公司找到了一种替代方式——独立式太阳能路灯Mira。此款产品的最大光通量为4300lx，据厂商介绍，它可满足与街道照明相关的所有标准。与灯柱融为一体的光电模块即使在冬季也能保证较高的发电量，因为其垂直直线型设计可以避免积雪或灰尘的附着。与体积较小的立柱式路灯Champ（光通量为2200lx）相类似，Mira采用的也是LED技术。光线被透镜汇聚到一起，投射到地面上。路灯内还装入了一块太阳能电池来储存采集到的能量。与光电组件一样，电池的制造同样是基于模块原理，以便根据具体地点的气候情况调整功率。电子控制装置对能源储存器内的电量实施监控，在天气状况欠佳时段需要延长照明时间或电池电量较低的情况下，降低照明强度。

HEI Consulting GmbH
Ameisgasse 65
A-1140 Wien
Tel.: +43 1 9121351-0
Fax: +43 1 9121351-22
E-Mail: sales@hei-solarlight.com
www.hei-solarlight.com

电力和太阳热能混合采集器

由solarhybrid公司推出的新一代混合式采集器既可以发电，也可以生成太阳热能。重点在于后者。据厂商介绍，混合技术的最大好处就是效能高：一方面，它可以利用太阳光中的各种光线；另一方面，该技术对两套太阳能系统的有效性都有提升作用。通常情况下，在利用太阳能生成电能的过程中，太阳能电池的性能会随温度的升高而有所下降，温度每上升1℃，功率大约下降0.33%～0.50%。在混合式采集器中情况则恰恰相反，太阳热量组件会将采集器中的热量去除掉，防止太阳能电池的温度超过70℃。与独立的光电系统和太阳热能系统相比，混合式采集器在同一片地域内的功效要高出15%。目前有两种型号可供选择，两者的采集器规格均相同，但光电电池的大小存在区别。它们分别是针对光通量峰值为145$W_{p,el}$和193$W_{p,el}$两种情况设计的。采集器可以安装在平台上或者屋顶上，另一种选择就是嵌在立面中。

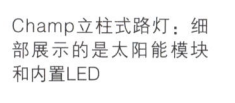

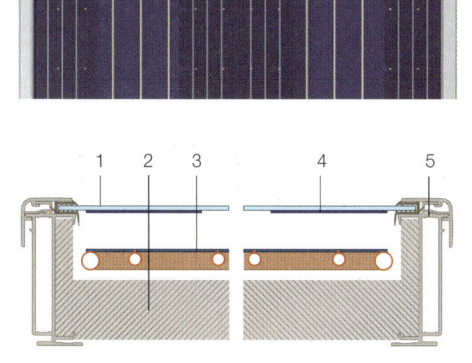

混合式太阳能采集器：俯视图

采集器剖面图：
1 玻璃板
2 隔热材料
3 太阳热能采集器
4 光电电池
5 框架

solarhybrid AG
Keffelker Straße 14
D-59929 Brilon
Tel.: +49 2961 966 46 0
Fax: +49 2961 966 46 66
E-Mail: info@solarhybrid.ag
www.solarhybrid.ag

6 绿色建筑评估体系的研究："德国可持续建筑认证"

采访克莉丝汀·勒麦特里和彼得·莫塞

德国可持续建筑认证体系建立于2008年，在美国的LEED和英国的BREEAM这两种世界通用的认证体系之外，为人们提供了另外一种选择。德国可持续认证体系以50个独立标准为基础，不仅评估建筑的生态性和经济可持续性这些方面，也包括社会文化以及建筑设计的过程质量。这样一个复杂的评估系统都涉及哪些方面？相关的数据信息要如何进行收集？克莉丝汀·勒麦特里和彼得·莫塞这两位来自起草单位，即德国可持续建筑委员会的专家面对《细部》记者详细谈论了这个认证体系。

德国可持续建筑认证体系通常被认为是一种"改进型"的可持续评估体系。应如何正确理解这种说法？

克莉丝汀·勒麦特里：德国可持续建筑认证体系是绩效导向型的。它的标准是要评估每种建筑方法对整座建筑的影响，考虑的范围很全面。举一个建筑材料选择标准的例子就能很好地说明这个问题：建筑材料不仅出现在生态审查和建筑生命周期成本中，也在室内卫生的标准中有所涉及。在这里，一方面要评估可能的挥发物质对使用者所造成的影响，另一方面要根据"对当地环境带来的危害"这一标准评估所用材料对建筑周围环境所造成的影响。

彼得·莫塞：另一个例子是建筑的碳足迹。在这里认证体系设定了一个最优的二氧化碳实践目标值。而如何实现这一最优值则是依靠建筑背后的设计概念。例如可以改善建筑的保温条件，采用更高效的照明设备和通风系统，或是使用可再生能源。这个过程中最大的优势在于建筑中采取不同的措施，都可以最终在认证中得到一个可比较的结果。因此，投资者和建筑师就可以在该体系内从各种不同的措施中选择最适合其建筑的一款。

德国可持续建筑认证的目标是对建筑的整个生命周期进行评估。为了达到这一目的需要哪些数字资料，计算和评估的相关工具是否已经成熟？

克莉丝汀·勒麦特里：建筑的整个生命周期这个概念是在材料的生态审查和能源使用时提到的，除此之外，例如计划监控运行数据的标准中也提及了这个概念。

彼得·莫塞：现在所使用的工具都已经发展得很成熟了。但它们并不是包括了所有的数据，例如制造各种材料时还需要相关的资源材料，除此之外，各自的使用寿命、装配和分解过程的细节也是缺失的。

另一个重要的主题就是微气候：科学已经证实，根据不同的朝向和外立面的设计，例如通过选择外立面的颜色和纹理图案，建筑可能会对城市气候产生重大的影响。如果我们希望能够简单地对其进行量化并进而对其进行评估，则需要提前进行更深入的研究。

在德国可持续建筑认证被批准之前，需要哪些建筑相关文件资料？

彼得·莫塞：在德国可持续建筑认证的试验阶段，为了批准认证需要提供设计过程中所有文件资料的80%，其他20%的文件此时尚未建立标准，例如生态审查资料。

如何获得德国可持续建筑认证？

1

2

经济质量

社会质量

生态质量

技术质量

过程质量

地点质量

3

克莉丝汀·勒麦特里在德国可持续建筑认证委员会中担任系统主管和常务董事代表。

彼得·莫塞既是Drees & Sommer高级建筑理事会的成员，也是德国可持续建筑认证专家委员会的会员和发言人。

克莉丝汀·勒麦特里：首先，责任审查员应该到德国可持续建筑认证处对该项目进行注册。然后由项目的投资商委托德国可持续建筑认证委员会进行评估。如果需要，德国可持续建筑认证委员会可以向审查员提供支持。当所需文件准备齐全则立即开始进行检查，检查后向投资商和审查人员通知检查结果。最后是颁发证书，建筑开发商可以获得一份包含详细检测结果的证书，以及一份可以在建筑内展示的证书。

谁来保证审查员的客观公正？谁来监督审查员？

克莉丝汀·勒麦特里：为了保证审查员提交文件的正确性，其文件将会由其他两位审查员进行复核。如果进行复核的审查员发现问题或所提交的文件不完整，会对提交文件的审查员进行问责，并要求其提交所缺失的部分文件。只有这样所提交的文件才是最终结果。

德国可持续建筑认证奖包括面对尚未完工建筑的预先认证，也有颁发给完工建筑的认证。这两种认证在评估过程和数据采集过程中有什么区别？

彼得·莫塞：两者没有本质的区别。对于预先认证你可以只提交现有的设计数据文件。在规范标准尚未得到证明的情况下，相对应的所有说明是在试图对设计目标进行详细的解释。

德国可持续建筑认证通常需要多长时间，费用通常是多少？

克莉丝汀·勒麦特里：所需时间通常由项目以及申请发表认证结果的时间决定。同时，认证时间也与投资商决定进行的认证

级别和其以前所完成项目的情况有关。一般说来，如果审查员能够在前期就进入项目进行评估，所需要的费用就会大幅下降。这样他就能随着工程的进行获取所需的证明资料，并加入一些非常重要的内容，例如一个模拟过程。

有没有一种投资商感兴趣的可以对其建筑类型提前进行认证的快速检查方式？

彼得·莫塞：这样的前期评估现在已经成为很多投资商决定是否进行认证的一个基础，其重要性将延续下去。然而，德国可持续建筑认证体系对此并没有具体的工具进行前期评估，更多情况下前期评估是由审查员的经验和相互之间的讨论决定的。

从第一个关于办公建筑的认证体系开始，德国可持续建筑认证体系现已发展到包含商业、工业和教育建筑的综合性认证体系。这些不同类型的建筑在认证过程中，标准的类型、级别和加权值有什么区别？

克莉丝汀·勒麦特里：对于将认证体系应用在其他用途建筑中，我们认为保持令体系独具特色的主题是非常重要的，例如生态审查、建筑生命周期成本和所使用的主要标准。只要可以使用，我们会尽量使用单独的标准。到目前为止，由于已经开发出了应用于各种类型建筑的认证标准，我们已可以很好地进行认证工作。

彼得·莫塞：体系变化不仅能够造成认证资料提交方式的改变，也会影响所用标准的限定值和目标值。例如，对于工业建筑，其生命周期成本的监测时间为15年至20年，而对于办公建

1　德国认证，银奖：
　威尔达办公总部，魏恩海姆
　拥有者：科德宝集团
　总体设计：BAURCONSULT建筑事务所
　审查员：Thilo Dülger/EGS-PLAN工程师事务所
2　德国认证，金奖（预先评估）：
　H2办公楼（二期建筑），杜伊斯堡
　拥有者：ORCO sechste
　Projektentwicklungsgesellschaft GmbH
　建筑师：BRT建筑事务所
　审查员：Sven Wunschmann/工程师兼地质学家
3　德国可持续建筑认证体系：体系中主要的标准
　部分
4　德国认证，银奖（预先评估）：
　B1座，杜塞尔多夫
　拥有者：华宝-恒基兆业房地产投资有限公司
　建筑师：德国HPP建筑设计公司
　审查员：Hendrik Dusny/Witte项目管理有限责任公司

4

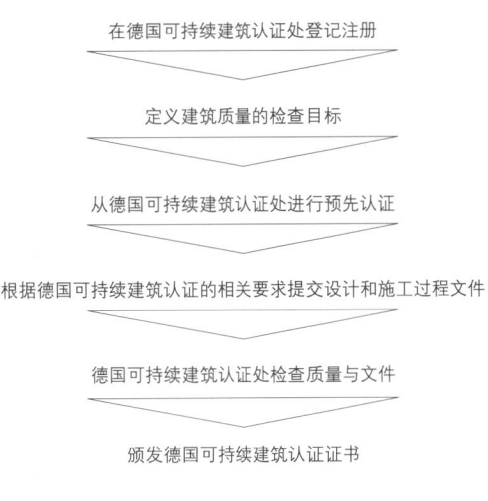

在德国可持续建筑认证处登记注册

定义建筑质量的检查目标

从德国可持续建筑认证处进行预先认证

根据德国可持续建筑认证的相关要求提交设计和施工过程文件

德国可持续建筑认证处检查质量与文件

颁发德国可持续建筑认证证书

5

筑，监测时间为50年。标准相关的社会和政治加权值一直以来没有发生任何变化。但随着"特定使用因素"的引入，在其具有重要意义的地方，加权值却发生了微小的改变。

对既有建筑的认证工作已经取得了哪些进展？

克莉丝汀·勒麦特里：我们在2009年3月开始对既有办公建筑的认证标准进行研究。对于新建建筑，整个体系是以一系列的标准为基础的，但却是一个多级过程。相对于新建建筑，要收集既有建筑认证所需要的资料更加困难。所以，既有建筑在认证前应根据现有资料进行初步评估，并对其进行检查。侵入性方法是获得更为详细资料的必要手段。所需的资料全部收集完毕后，将作为根据德国可持续建筑认证标准对于新建建筑的相关要求进行评估的基础。这些资料可以提供既有建筑与新建建筑相比质量如何的信息，也可为现代化改造步骤的总体规划提供有利信息。

既有建筑的可持续性也是受变化的影响的。既有建筑的质量认证是否完全正确，是否需要定期更新？

彼得·莫塞：认证证书上将会根据认证种类的不同标明不同的有效时间。所有人都能够了解证书的有效期限。只有在建筑发生改变时才需要对其进行重新更新，因为如果没有改变，其数据仍为原始认证时的数据，质量认证不会发生变化。

为了适应国外的质量认证市场，你们做了哪些尝试？

克莉丝汀·勒麦特里：我们首先需要的是一个当地质量认证的合作伙伴。最好能有一些建筑作为试点，以供我们通过现实的例子找到适应方法。整个过程与建立一个新的认证体系相类似：

首先我们必须一起了解我们体系直接的适应范围，找到标准、气候和建筑质量的区别。一旦获得上述信息，就可以由当地的专家对标准进行相应的修正。这种适应方法取代了德国可持续建筑认证过程中原有的方式方法。根据分析，可以找到适合具体工程项目的认证方法，如果需要可以列出一系列所涉及的标准。对我们来说，重要的是不同地区的建筑能够相互比较。

哪些情况下，认证必须适应当地情况？这样做，你们如何坚持保证德国可持续建筑认证的质量标准？

彼得·莫塞：在我们看来，适应性是非常需要的，所需要适应的程度也有很大差别。对于德国可持续建筑认证体系，保证体系能够适当合理地适应当地情况是非常重要的，如果能做到这一点，通常来说建筑可持续性的评估都是可以接受的。然而，在国际大背景下保证其具有可比性，则需要在整个认证过程中进行大量的改变。

克莉丝汀·勒麦特里：我们也一直通过紧密合作保证品质，为此德国可持续建筑认证体系一直致力于体系的转化工作。我们必须不遗余力避免外国在努力使用德国体系的过程中，却得到一个更差的建筑质量评估结果。

5 认证过程的步骤
6 既有建筑认证的方法
7 德国认证，银奖（预先评估）：
　汉森立方建筑，汉堡
　拥有者：E.H.G. Erste Hanseatische Grundvermögen，represented by
　PATRIZIA Projektentwicklung
　建筑师：BRT建筑事务所
　审查员：Thomas Haun/Drees & Sommer工程咨询公司

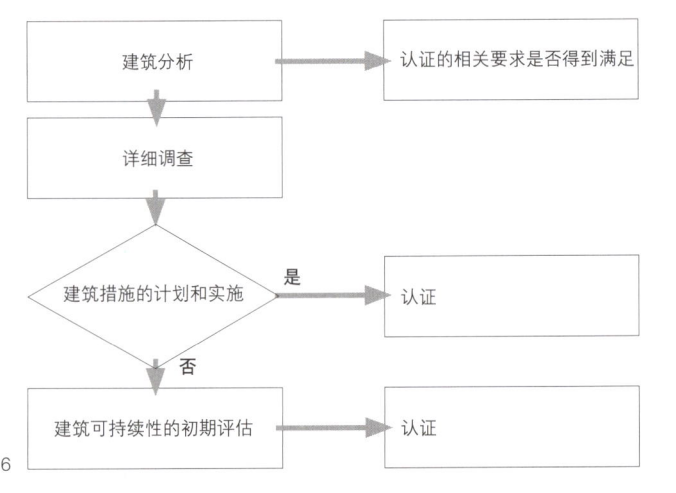

建筑分析 → 认证的相关要求是否得到满足

详细调查

建筑措施的计划和实施 —是→ 认证

否

建筑可持续性的初期评估 → 认证

6

7

建筑产品的可持续性

Jo Mundy

我们一直被鼓励使用那些对环境影响最小的建筑材料和产品。在欧洲，很多生产商通过产品环境声明（EPDs）来表明其产品的环保性能。在英国，BRE环球环境属性认证就起到了类似的作用。该计划为生产商依据绿色说明指南（绿色指南）中的普通产品说明书展示产品性能提供了基础。绿色指南的目的是为了给设计人员和使用者在选择环保的建筑材料和构件时提供易于使用的指导。这些材料和产品在整个使用过程，即"从摇篮到坟墓"的过程——其中包括材料提取、加工、使用、维护保养及其最终处理——中能够通过可比较的规范对其环境影响进行评估。

绿色指南在线网站（www.thegreenguide.org.uk）是灵活快捷的媒体，可以实时更新资讯。其中包括了2000多种英国现行的各种建筑规范标准。除了可以在线浏览，还可以从www.brebookshop.com获得包含更多背景信息的绿色指南精装版本。

由于相关规范是按照相同的热力性能来制定的，绿色指南没有将使用性能考虑在内，而是试图用于整个项目的评估，像BREEAM体系一样，对建筑整体U值改善的能量保存能力进行评估，而不是单一的评价。绿色指南将普通的建筑产品和构件根据评估的环境等级进行排列，并且会检查用于以下六种常见建筑类型的建筑材料对环境的影响情况：

- 商业建筑：办公楼
- 教育类建筑
- 卫生保健类建筑
- 零售商场
- 住宅建筑
- 工业建筑

环境概况分析法

绿色指南中的环境评级是以生命周期评估（LCA）研究为基础的。建筑材料和结构以典型的完工建筑构件的形式表现出来。它们要以相同的基础进行比较，以1m²的建筑物进行比较：需要考虑一些重要的变量，如满足某项使用功能需要的材料体量。例如，比较1吨建筑钢材和1吨建筑混凝土两者的环境概况就没有意义，因为较少量建筑钢材就能够达到相同的建筑功能。

在绿色指南中支持数据的生命周期评估考虑了原料开采、制造、装配、维护、修理、破坏以及最终废物处理等各个阶段对环境的影响。绿色指南中的材料和构件按照构件的方式进行分类：外墙、内墙、地面等等，这就使得设计人员和使用者能够根据所编辑的介绍信息对类似的体系和材料进行比较和选择。除此之外，比较地面和一种特殊类型屋顶这些不同构件的环境概况也是不合适的；评估分级的依据是相关构件组的规格性能。绿色指南中主要的建筑构件包括：

- 外墙
- 内墙与隔断
- 屋顶
- 底层地面
- 顶层楼板构造
- 地面装饰
- 窗
- 保温层
- 建筑景观

纵观上述所有的建筑构件种类，绿色指南展示了一个广泛但并非完整的建筑产品说明和单元组的目录。其他的建筑构件种类将及时添加。

从A+到E：使建筑组件具有可比性

尽管绿色指南中的环境分级需要大量生命周期评估数据才能够实现，而这些数值和对比只会吸引工程专家，而不是参与到日复一日的建筑项目采集活动中的人。于是这些数据被转化成简明的环境等级体系，使得使用者能够在不同的材料和构件中进行有效的选择。评级体系中等级从A+排列到E，其中"A+"表示对

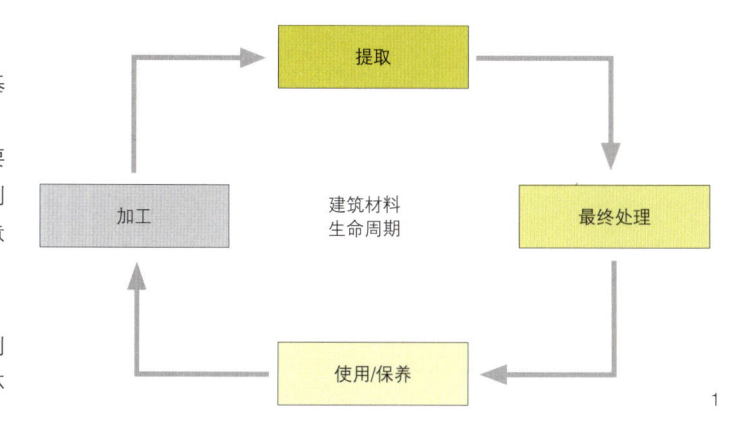

建筑材料生命周期

（提取 → 最终处理 → 使用/保养 → 加工 → 提取）

1 环境概况方法论中考虑了建筑中所用材料的整个生命周期
2 环境分数等级体系
3 对照绿色指南，典型建筑构件及其等级
4 BRE的绿色指南中13类标准及其比重
5 不同构件种类的环境分数及总评

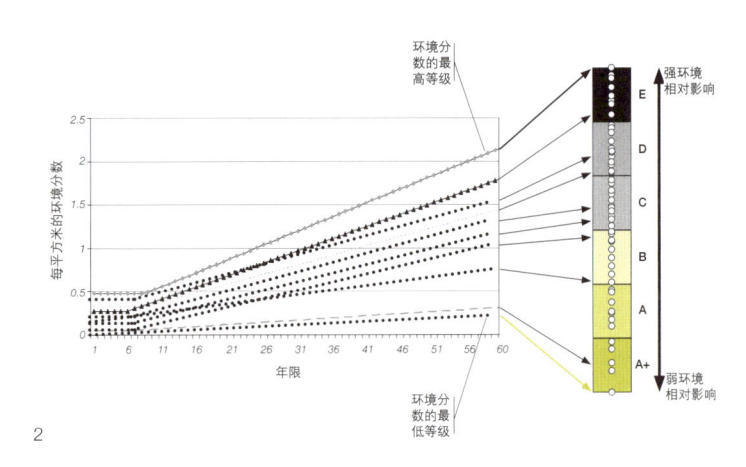

2

带拱肩镂板的玻璃幕墙

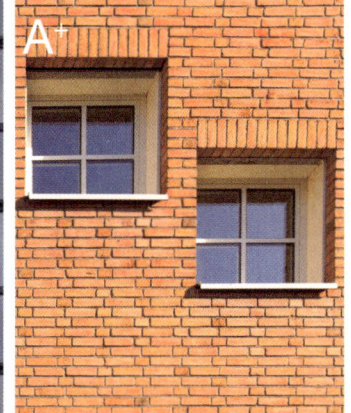

砌块墙上的砌砖

木结构上的软木覆板

砌块墙上的外立面保温系统

镀层钢板/钢支撑上的铝型板

3

预制混凝土板，不同饰面位置

环境影响最小，根据A、B、C、D到E的排列顺序，其环境影响程度依次增加。

所涉及的环境问题反映了在英国使用的建材生产被普遍认可的关注领域，这些问题在指南的研究过程中从工业讨论到集体决定的过程中就已经得出结论。问题包括：气候变化、水萃取、矿物萃取、平流层臭氧枯竭、人造毒素、淡水中的生物毒素、原子能工业废料（高等级）、土地毒素、垃圾处理、石化能源的消耗、富营养化、光化学产生臭氧以及环境酸化。

绿色指南在线对所有这些环境影响都进行了等级评定，汇合成一个总体等级表。根据这些特定环境参数评价建筑系统和材料的性能，使得使用者能够根据个人选择和整体喜好或优先次序选择所需的规范，也可以根据材料在某项环境因素方面的性能来决定如何选择。

环境分数统计系统

为了获得一个包括所有13种环境问题的总体评价等级表，BRE开发了一种称为"环境分数"的统计系统。系统分为以下三个步骤：

1 生命周期中所产生的环境负担（资源消耗与排放）被分配到每个相关的环境影响种类（例如水萃取和气候变化）中，根据特性指数对每种环境负担的相应影响进行统计计算。这种特性的环境统计量化了相应范围内每种环境问题的影响。互相有影响的等级之间不能相互比较。

2 特性统计数量除以一个欧洲人每年的影响。这种规范化的数据被填写到"每人每年"的条目中，这时各种环境影响问题之间就可以进行数量上的比较了。然而，并没有体现出每个种类的重要程度。

3 最后，上述每个环境影响种类的规范化数据会乘以一个权重数（见表4），所有结果之和即为环境分数。每个欧洲人每年的环境影响分数为100。

超过环境概况的可持续性问题

建筑材料的环境概况（也就是生命周期评估）只是进行某项规范编辑时需要考虑的因素之一，费用、耐久性、外观、发展制性、建筑效应、功能、使用问题（包括使用高蓄热体量的材料的优点）、维护保养和适用性都是需要重点考虑、可能决定最终

环境问题	比重（%）
气候变化	21.6
水萃取	11.7
矿物资源消耗	9.8
臭氧消耗	9.1
人造毒素	8.6
淡水中的生物毒	8.6
原子能工业废料（高等级）	8.2
土地毒素	8.0
垃圾处理	7.7
石化能源的消耗	3.3
富营养化	3.0
光化学产生臭氧	0.2
环境酸化	0.05

Jo Mundy博士是BRE环球公司BREEAM材料部门的技术负责人。她主要的工作和任务是利用生命周期评估（LCA）对建筑材料、建筑构件和建筑的环境影响进行使用和改进，研究过程中特别关注木材、木质板材和其他的生物材料。Mundy博士的鉴定范围也包括了材料的机械性能。

选择的问题。即使在最好的建筑中，"绿色建筑"所需考虑的因素无疑是通过同样的权衡过程使得该项目获得最佳的平衡效果。希望通过细致的考虑和对指南的认真使用，设计师和客户团体能够向着建筑环境影响最小化的"正确方向"前进。

可持续能源的一种新工具：BES 6001认证

除了关注建筑材料的环境影响，相关工业制造商还应该具有相关的社会责任，保证其产品的来源有保证。客户们开始越来越关心其所购买产品的来源：这些产品如何进行溯源？产品生产过程对环境有哪些方面的影响？制造工人在生产的过程中是否有良好的工作待遇？

第三方数据证实那些能够进行有效溯源的材料可以增强用户的信心，使用户相信生产企业对于产品质量的保证是真实有效的，而不是"漂绿"的宣传口号。一个企业的公共形象也能够通过独立认证而获得提升，这种认证要包括溯源计划——在该行业中能够用来对不同类型的合格建筑产品进行相互比较。

由BRE发起的针对建筑产品有效溯源的BES 6001框架标准为建筑产品提供了一种客观的比较方法。对于其他产品，如公平贸易食品，现在已经发展出很多成熟可行的溯源体系，而BES 6001框架标准是现有唯一针对建筑产品的第三方证明标准体系。该标准在整个供应链条中针对有效溯源政策及做法进行评估，关注一个产品的全方位影响，其中包括了原材料的来源、生产和运输、使用与重复使用、循环以及作为废物的最终处理。

为获得BES 6001认证，需要对产品的质量、环境、健康以安全管理体系进行评估，因为以上各项均可能引起全球变暖、原料消耗、劳动力工作以及社会层面和影响等问题。为满足BES 6001认证要求，整个组织机构都需要满足所有的强制性要求。

除此之外，通过更高等级的等级评估还可以获得更高等级的认证奖励。标准的作业等级分为通过、良好、好和优秀。

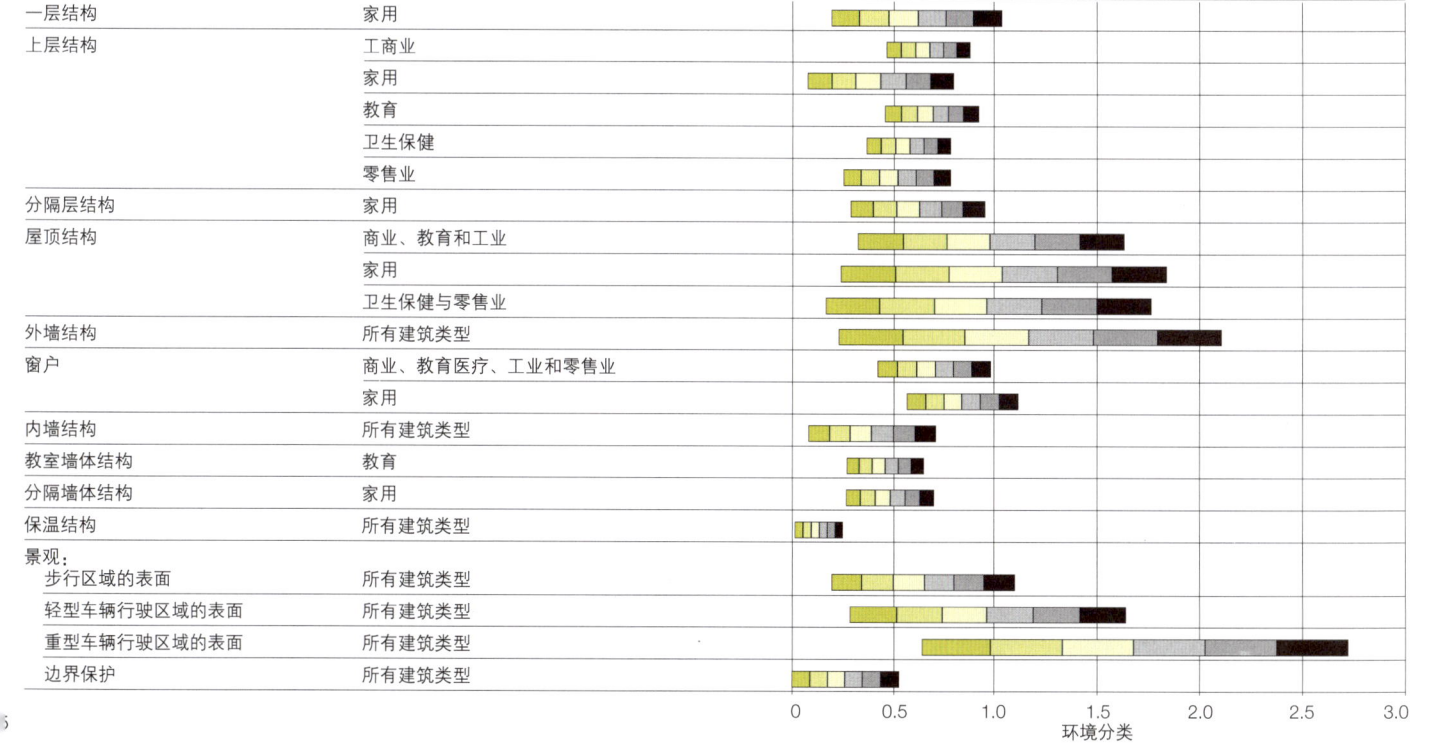

Page 18

Paul-Wunderlich-Haus in Eberswalde

Am Markt 1
D-16225 Eberswalde

· Client:
  Landkreis Barnim
· Architects:
  GAP Gesellschaft für Architektur &
  Projektmanagement, Berlin
· Tender, construction management and costing:
  Manfred Schasler Architekt, Berlin
· HVAC concept, building physics, building ecology,
  installations:
  teamgmi, Wien/Vaduz
  Dörner & Partner, Eberswalde
  Finower Planungsgesellschaft, Eberswalde
  Ingenieurbüro Ziesche, Panketal
· Integrated process management:
  sol·id·ar planungswerkstatt Dr. Günter Löhnert, Berlin
· Structural engineers:
  Ingenieurbüro Marzahn & Rentzsch, Berlin
  Ingenieurbüro Quenzel, Panketal
  Planungsgemeinschaft Barnim, Eberswalde
  Finower Planungsgesellschaft, Eberswalde
  ibe – Ingenieurbüro für Bauplanung, Eberswalde
· Building ecology:
  Gesellschaft für Ökologische Bautechnik, Berlin
· Research and monitoring:
  Brandenburgische Technische Universität, Cottbus
· FM consultants:
  MVV Energiedienstleistungen GmbH, Berlin
· Outdoor facilities:
  Harms Wulf Garten- und Landschaftsarchitekten,
  Berlin
  Schirmer – Partner, Bernau
· Lighting design and electrical planning:
  Ingenieurbüro Hecht, Rankweil

· Facades:
  Schindler GmbH, Roding
· Facade cladding:
  Eternit AG, Heidelberg
  Sto AG, Stühlingen
· Solar shading:
  Warema Renkhoff GmbH, Marktheidenfeld
· Gebäudeleittechnik / Building systems controls:
  Siemens Building Technologies, Frankfurt
· Cooling, air conditioning:
  GEA Happel Klimatechnik GmbH, Herne
· Lighting:
  Zumtobel Staff AG, Dornbirn
  ERCO Leuchten GmbH, Lüdenscheid

Page 28

Three-family house in Liebefeld

Gebhartstraße 15
CH-3097 Liebefeld

· Client:
  Eigentümergemeinschaft Bächer-Haartje, Arx-Bürgi,
  Schürch-Steppler, Liebefeld
· Architects:
  Halle 58 Architekten GmbH, Bern
· Project architect:
  Peter Schürch
· Assistant:
  Fabian Schwarz
· Structural engineers:
  Tschopp + Kohler Ingenieure GmbH, Bern
· Timber construction engineers:
  hrb-Ingenieure für Holzbau GmbH, Thun
· Sanitation design:
  Boss Planungen, Gümligen
· Heating and ventilation planning:
  Riedo Clima AG, Bern
· Building physics, energy consultants:
  Gartenmann Engineering AG, Bern

· Solar collectors:
  Ernst Schweizer AG, Hedingen
· Solar stratified tank:
  Jenni Energietechnik AG, Oberburg
· Timber construction :
  Heinz Beer AG, Ostermundingen
· Wooden floors:
  Lignotrend GmbH, Weilheim-Bannholz
· Facade cladding:
  Eternit AG, Niederurnen
· Thermal insulation:
  isofloc Wärmedämmtechnik GmbH, Lohfelden
  Flumroc AG, Flums
· Windows:
  J. Stoller, Oberbütschel
· Roller blinds:
  Villger-Meier, Schönbühl
  Mensch Rolladen AG, Aesch
· Sanitary installations:
  Walker + Pestaj AG, Bern
· Pellet boiler:
  Windhager, Sempach

Page 34

Zero-energy housing solaR2 in Munich

Heinrich-Böll-Str. 95-129
D-81829 München

· Client:
  NEST Solar Passivhaus GmbH & Co. KG,
  Unterhaching
· Architects:
  Planungsbüro Joachim Nagel, Unterhaching
· Structural engineers:
  Ingenieurbüro Franz Derflinger, Aschheim
· Mechanical services:
  Ingenieurbüro en.eco, Klaus Bundy, München
· Landscape architecture:
  Christian Bolm, Schwabhausen

· Timber construction:
  Bergmüller Holzbau GmbH, Bayerbach
· Photovoltaic system:
  SunStrom GmbH, Dresden
· Passive house windows and doors:
  Variotec GmbH & Co. KG, Neumarkt
· Ventilation:
  Lüfta GmbH, Armstorf
· Pellet boiler:
  Hoval (Deutschland) GmbH, Aschheim-Dornach
· Hot-water stations:
  KaMo Frischwarmwassersysteme GmbH, Ehingen
· Solar collectors:
  AQUASOL Solartechnik. GmbH , Neu-Ulm

Photo credits:

Photos for which no credit is given were either provided by the respective architects
or they are product photos from the DETAIL archives

Page 5, bottom right:
Luuk Kramer, Amsterdam
Page 6:
Will Pryce, London
Page 7, top:
Emile Ashley, Stavanger
Page 7, bottom:
Coleman Photography
Page 9, top right:
Lauber IWISA AG, Naters
Page 9, middle left and bottom:
Bruno Helbling, Zürich
Page 10 top right and bottom:
Deutsche Bank AG, Frankfurt/Main
p. 11 top:
Bjarke Ingels Group, Copenhagen
p. 11 left:
Foster + Partners, London
p. 11 bottom:
MVRDV, Rotterdam
Pages 12, 14 (middle and bottom left), 15:
Fotolia.com
Page 13:
Münchener Rückversicherung AG, München

Page 14, top right:
NASA Earth Observatory, Greenbelt/USA
Pages 19 (left), 21, 25:
Marco Maria Dresen, Berlin
Page 19, right:
Martin Duckek, Ulm
Pages 28, 29, 30, 31, 32 left, 33 bottom right, 34 right:
Christine Blaser, Bern
Page 43, top:
Solargenix, Chicago
Page 43. bottom right:
eaw-energieanlagenbau, Westenfeld
Page 45. bottom:
Bernhard Lenz, Darmstadt
Pages 46 (top left), 47 (bottom), 64:
Jakob Schoof, München
Page 46, top right:
Rainer Sturm/pixelio
Page 47, top:
Michaela Hoppe, München
Page 47, bottom:
Institut für Wohnen und Umwelt, Darmstadt
Page 48, middle left:
Prof. Dr. Gerd Hauser, München

Page 48, middle right:
Inthermo GmbH, Ober-Ramstadt
Page 49, left:
Iwan Baan, Amsterdam
Page 49, right:
Jussi Tiainen, Helsinki
Page 50:
www.pixelio.de
Seite 52, rechts unten:
ETH Zürich, Zürich
Page 60. left:
Gerhard Hagen, Bamberg
Page 60, right:
ORCO Projektentwicklung, Düsseldorf
Page 61, top:
Deutsche Gesellschaft für Nachhaltiges Bauen, Stuttgart
Page 61, bottom:
Warburg-Henderson Kapitalanlagegesellschaft für Immobilien mbH, Hamburg
Page 62, bottom:
Patrizia Projektentwicklung GmbH, Augsburg

DETAIL Green
Specialist Journal for Sustainable Planning and Construction

Published by:
Institut für internationale
Architektur-Dokumentation
GmbH & Co. KG,
Hackerbrücke 6,
80335 Munich, Germany
Tel.: +49 (0)89-38 16 20-0
Fax: +49 (0)89-33 87 61
www.detail.de/english
PO Box:
Postfach 20 10 54,
80010 Munich, Germany
Managing director:
Hans-Jürgen Kuntze
Tel.:+49 (0)89-38 16 20-27
Editorial team:
(address as above)
Tel.: +49 (0)89-38 16 20-57
Email: redaktion@detail.de
Christian Schittich (editor-in-chief),
Sabine Drey, Andreas Gabriel,
Cornelia Hellstern, Frank Kaltenbach,
Steffi Lenzen, Julia Liese,
Thomas Madlener,
Jakob Schoof, Edith Walter,
Heide Wessely
Burkhard Franke,
Yvonne Meschederu
(freelance assistants)
Marion Griese, Emese M. Köszegi,
Nicola Kollmann, Simon Kramer (drawings)
Michaela Linder, Peter Popp
(editorial assistants)
Editorial team DETAIL transfer:
Meike Weber (editor-in-chief).
Zorica Funk, Julia Haider,
Katja Reich, Bettina Sigmund,
Hildegard Waenger, Tim Westphal
Tel.: +49 (0)89-38 16 20-0
English translations:
Ingrid Taylor
Online editor:
Nina Fiolka (address as above)
Tel.: +49 (0)89-38 16 20-49,
Email: fiolka@detail.de
Axel Dürheimer
Tel.: +49 (0)89-38 16 20-22,
E-Mail: duerheimer@detail.de

Romy Früh
Tel.: +49 (0)89-38 16 20-63
Email: frueh@detail.de
Production/DTP:
Peter Gensmantel (manager).
Cornelia Kohn, Andrea Linke,
Roswitha Siegler, Simone Soesters
Subscription contact:
mail@detail.de
Subscription service
(subscriptions and changes of address):
Vertriebsunion Meynen,
Grosse Hub 10,
65344 Eltville, Germany
Tel.: +49 (0)61 23-92 38-211,
Fax: +49 (0)61 23-92 38-212
Email: mail@detail.de
Marketing/Distribution:
Josef Rankl (marketing manager)
Margit Vitzthum (distribution manager).
Susanne Lubos, Stefanie Wolf,
(address as above)
Tel.: +49 (0)89-38 16 20-25
Advertising:
Edith Arnold (manager).
Claudia Wach (sales administrator)
Tel.: +49 (0)89-38 16 20-24
UK representative advertising
Synergy Group Media
Roy Kemp
Tel.: +44 (0) 20 82 55 21 21
Email: detail@synergygm.com
DETAIL Green
is published twice a year
in May and November.
Prices 2009 (incl. 7 % VAT (EU)):
DETAIL Green subscription
(2 issues in May and November):
€ 39.–, £ 24.–, US$ 55.–
Incl. postage/packing (surface mail)
Single issues: DETAIL Green (English edition):
€ 17.–, £ 11.–, US$ 23.–,
plus postage/packing
Subscription DETAIL English:
8 issues per year
(incl. 2 DETAIL Green issues)
€ 122.–, for students € 74.90
£ 84.–, for students £ 51.50
US$ 168.–, for students US$ 96.–
(Proof of student status must be provided to obtain student rates.)
Incl. postage/packing (surface mail).

Subscription DETAIL Combined:
(12 issues per year:
8x DETAIL English, incl. 2 issues DETAIL Green,
4x DETAIL German/English)
€ 195.70, for students € 125.94
£ 133.32, for students £ 86.56
US$ 256.–, for students US$ 169.–
Incl. postage/packing (surface mail).
Subscriptions in Eurozone are renewed
automatically if not cancelled 6 weeks prior to the
end of the respective subscription period.

Reprographics:
Repro Ludwig
Schillerstraße 10
A-5700 Zell am See
Printers:
Headley Brothers Ltd
The Invicta Press, Queens Road,
Ashford, Kent TN24 8HH, UK
No claims can be accepted for
non-delivery resulting from industrial disputes or
where not caused by an omission on the part of the
publishers.